**TURING**
图灵教育

站在巨人的肩上
Standing on the Shoulders of Giants

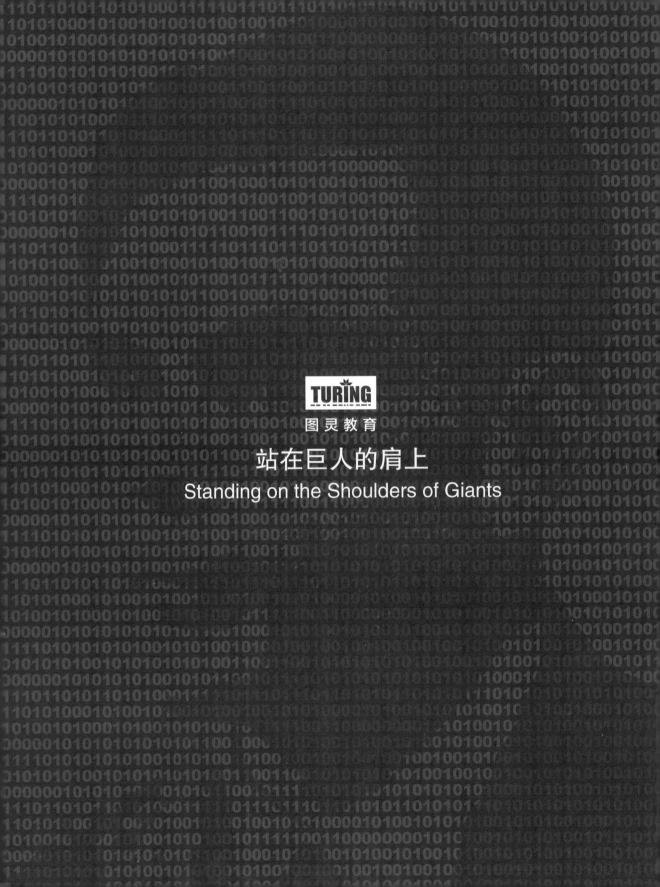

图灵教育

站在巨人的肩上

Standing on the Shoulders of Giants

图灵原创

# Hadoop 3
# 实战指南

孙志伟 ◎ 著

人民邮电出版社
北　京

**图书在版编目（CIP）数据**

Hadoop 3实战指南 / 孙志伟著. -- 北京：人民邮
电出版社，2021.5
（图灵原创）
ISBN 978-7-115-56157-2

Ⅰ．①H… Ⅱ．①孙… Ⅲ．①数据处理软件－指南
Ⅳ．①TP274-62

中国版本图书馆CIP数据核字(2021)第048703号

## 内 容 提 要

本书主要分析 Hadoop 3.2.0 的新特性和新功能，共 5 章。首先简单介绍 Hadoop，让刚接触 Hadoop 的读者对它有个基本了解；接着介绍目前使用比较多的分布式文件系统 HDFS，内容涉及 NameNode 的原理、HA、HDFS Federation 和 HDFS 3.0 中新增的特性；然后从应用管理和资源调度这两个方面介绍一个通用的资源管理平台 YARN；再后讨论如何在 YARN 平台中运行应用，比如如何将应用迁移到 YARN 平台，以及非 Hadoop 的应用是如何兼容 YARN 模式的。最后，书中给出了一些工作实战指南，包括如何搭建一个生产可用的 Hadoop 3.0 集群；如何将现有 Hadoop 2.0 集群升级到 Hadoop 3.0，及其在升级过程中遇到的问题；如何针对 Hadoop 进行二次开发，并参与社区，向社区贡献代码；一个大数据平台应具备哪些必备组件等。

本书适合 Hadoop 研发工程师、运维工程师以及数据仓库工程师阅读。

◆ 著　　　　　孙志伟
　　责任编辑　　王军花
　　责任印制　　周昇亮

◆ 人民邮电出版社出版发行　　北京市丰台区成寿寺路11号
　　邮编　100164　　电子邮件　315@ptpress.com.cn
　　网址　https://www.ptpress.com.cn
　　北京天宇星印刷厂印刷

◆ 开本：800×1000　1/16
　　印张：11.5
　　字数：257千字　　　　　　　　2021年 5 月第 1 版
　　印数：1 - 2 500册　　　　　　　2021年 5 月北京第 1 次印刷

定价：69.80元

读者服务热线：(010)84084456　印装质量热线：(010)81055316
反盗版热线：(010)81055315
广告经营许可证：京东市监广登字 20170147 号

# 前　言

大数据作为一个不老的技术神话，依然活跃于各大公司和开源社区，其相关领域的各种工具琳琅满目，更新迭代速度非常迅速，其中 Hadoop 是较早流行的大数据处理工具之一，现在依然被广泛使用。

我是在硕士研究生期间接触 Hadoop 的，当时它刚刚流行，在许多领域获得了高度认可。可在我即将毕业时，Spark 凭借其高效内存计算和可迭代计算的优势迅速赶超了 Hadoop 的热度。而就在大家一窝蜂地去学习 Spark，并沉浸在其高效性能的时候，近几年 Flink 又凶猛地杀出了重围，成为当下比较火的大数据技术之一。

面对这些新兴的技术，我也曾一度迷茫，是否应该跟随潮流去学习新技术。但是我感觉自己对 Hadoop 的掌握还远远不够，所以就坚持了下来。随着对 Hadoop 的学习不断深入，在 Hadoop 的持续版本迭代中，我惊喜地发现它正在一统大数据底层平台，这让我看到了它的野心，看到了它登上霸主之位的希望。Hadoop 提供了底层分布式存储平台 HDFS 和分布式资源管理平台 YARN，并开放了资源管理平台，使之不断地兼容各种应用，让各种应用在 YARN 上呈现"百花齐放"的景象。

Hadoop 3.0 已经发布一段时间了，我想研究它，并尝试在工作中将之付诸实践。然而，我发现市面上还未有相关书，故而萌生了写这本书的想法，也把它介绍给曾经和我一样迷茫的人。

因为我平时经常会写博客，把工作与学习中的知识沉淀为文字记录下来，所以在还没动笔时感觉写书应该不会太难。可当真正开始后，我才发现面临的困难有很多，除了体会到自己还不够专业，还体会到这里面包含着一份责任。书最终能够成行靠的全是自己的毅力和来自家人朋友的支持。

由于本人能力有限，而且是利用业余时间写作的，书中难免会有些笔误或者理解不到位的地方，欢迎各位指正。

## 本书内容

本书一共分为 5 章，主要对 HDFS、YARN、Application on YARN 和工作实战进行介绍，归纳如下。

- 第 1 章简单介绍 Hadoop，让刚接触 Hadoop 的读者对它有基本的了解。为了更好地学习 Hadoop，本章专门抽出一节详细介绍了如何搭建 Hadoop 源码阅读环境、如何对 Hadoop 进行单元测试和如何断点调试源代码。
- 第 2 章介绍了 HDFS，它是目前使用较多的分布式文件系统。这一章介绍了 NameNode 的原理以及 HA，针对大规模集群横向扩展的场景介绍了 HDFS Federation 和在 HDFS 3.0 中新增的特性，例如基于 Router 的 Federation、纠删码副本策略和对象存储系统 Ozone。
- 第 3 章介绍了 YARN，它是一个通用的资源管理平台。这一章从应用管理和资源调度这 两个方面对其进行了介绍，首先针对应用管理介绍了 ResourceManager 的 HA 功能，然后 针对资源调度介绍了中央调度器和分布式调度器，最后介绍了 YARN 3.0 中引入的一个小 优化功能，即 Shared Cache。
- 第 4 章介绍了 Application on YARN（如何在 YARN 平台中运行应用）。这一章以 MapReduce 为例介绍了如何将应用迁移到 YARN 平台，最后以 Spark on YARN 为例介绍了非 Hadoop 的应用是如何兼容 YARN 模式的。
- 第 5 章给出一些工作实战指南。首先，介绍了如何搭建生产可用的 Hadoop 3.0 集群；接 着讨论了如何将现有 Hadoop 2.0 集群升级到 Hadoop 3.0，以及在升级过程中遇到的问题； 然后说明了如何针对 Hadoop 进行二次开发，并参与社区，向社区贡献代码；最后，梳理 了一个大数据平台应该具备哪些必备组件和具体的实现架构。

## 致谢

首先感谢我的妻子，她是我坚强的后盾，是她让我可以全心全意地投入到书的创作中。然后 感谢我的父母，感谢他们牺牲自己的晚年时光来照顾我的这个小家。如果没有妻子和父母的理解 与支持，我也不可能完成这本书。

感谢我的导师带我走入大数据的殿堂，使我能够从事相关职业；也感谢在工作中给予我帮助 的同事和朋友，是他们不断地给我解答困惑，给我指明了前进的方向，使我在工作中不断成长。 还要特别感谢黄鹏程先生，感谢他的引荐，使我有幸能把自己的知识分享给更多的人。

感谢王军花和王彦两位编辑，她们在书稿的审核过程中给我提了非常多宝贵的建议，并且很 耐心地解答我的问题。如果没有她们的策划和敦促，我也难以顺利地完成此书。

感谢为本书做出贡献的每一个人！

# 目  录

# 第 1 章

# Hadoop

作为一个众所周知的大数据平台基础组件，Hadoop 被众多互联网公司和传统行业所使用。1.1 节将对 Hadoop 的前世今生做简单的介绍；1.2 节梳理 Hadoop 3.0 中主要的模块；最后为了让读者能够更加深入地研究 Hadoop 的技术细节，我们将在 1.3 节中介绍如何搭建一个完整的 Hadoop 源码阅读环境。

1.1 节主要是为了照顾刚接触 Hadoop 的读者，因此请你根据自身实际情况选择是否阅读。对于 1.2 节和 1.3 节，我建议大多数读者阅读一下，或者大致浏览一下，酌情阅读其中的部分内容。

## 1.1 简介

Hadoop 由 Doug Cutting 开发，最早起源于 Nutch，灵感来自于谷歌发表的两篇论文，随后成为 Apache 的顶级项目，同时迎来它的黄金时代。

Hadoop 经过十多年不断的迭代和优化，已逐步成为大数据领域数据存储和计算的标准。在此期间，它经历了两次大的版本升级，这两次升级分别被称为 Hadoop 2.0 时代和 Hadoop 3.0 时代。

### 1.1.1 Hadoop 1.0

在 Hadoop 1.0 时代（包括 Hadoop 0.$x$ 和 Hadoop 1.$x$），Hadoop 由两部分组成，一部分是作为分布式文件系统的 HDFS，另一部分是作为分布式计算引擎的 MapReduce。

HDFS 在 Hadoop 1.0 时代的架构和在后两个时代的基础架构没什么区别，都是采用主/从架构，其中 NameNode 为主节点，DataNode 为从节点。Hadoop 的研发团队在研发初期就意识到了 NameNode 的重要性，故将其部分功能拆离出来作为 Secondary NameNode。Secondary NameNode 作为 NameNode 的一个冷备节点，定期将 NameNode 的操作日志合并成集群的状态快照，这样在

NameNode 重启时可以加快启动速度。HDFS 的整体架构如图 1-1 所示。

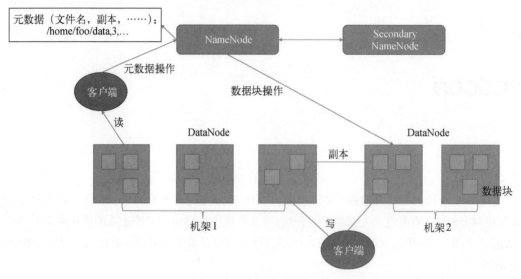

图 1-1    HDFS 的整体架构

MapReduce 在 Hadoop 1.0 时代的架构与在后两个时代的架构相比，变化有点大。后两个时代的架构主要对之前架构的功能进行解耦，并且对一些功能进行提炼，使其更加通用。在 Hadoop 1.0 时代，MapReduce 也是采用主/从架构：其中主节点是 JobTracker，负责集群资源的管理、任务调度以及跟踪任务的状态；从节点是 TaskTracker，负责任务的执行与周期性地汇报本节点的资源使用情况和任务进度。其整体架构如图 1-2 所示。

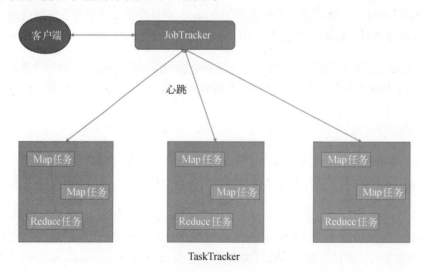

图 1-2    MapReduce 的整体架构

由上述描述可知，MapReduce 在 Hadoop 1.0 中除了是一个计算引擎，还是一个资源管理平台。它可管理的资源包括内存和 CPU，这些资源被抽象为一个 slot。而 slot 又被细分为 map slot 和 reduce slot，它们分别为 Map 任务和 Reduce 任务提供计算资源。

## 1.1.2　Hadoop 2.0

随着 Hadoop 的影响力逐步扩大，其集群规模得到了迅猛增长，一些弊端就随之暴露出来了，此时 Hadoop 2.0 应运而生。Hadoop 2.0 使 Hadoop 迎来了第一次质的飞跃，它不仅在稳定性上有了较好的支持，在扩展性上也有了较大的改善，能够轻松应对上千节点的规模。接下来，我们介绍一下 Hadoop 2.0 的相关组件。

Hadoop 2.0 对 Hadoop 1.0 中的每个组件都进行了升级扩展。先来看 HDFS，它的整体架构并没有太大的改变，其新增的特性为 HA（高可用）和 Federation（联邦模式），这两个特性主要集中在 NameNode 中。

在 Hadoop 2.0 中，支持用两个 NameNode 提供 HA 功能，这两个 NameNode 分别为 Active NameNode 和 Standby NameNode，前者负责对外提供服务，后者则作为前者的热备节点，它们通过一个共享的存储结构——通常是 QJM（Quorum Journal Manager）实现数据同步。Active NameNode 会将操作日志实时写入 QJM 中，Standby NameNode 则会从 QJM 中实时拉取操作日志进行操作回放，并定期生成集群的状态快照，然后同步给 Active NameNode。此时因为 Active NameNode 和 Standby NameNode 的数据是实时同步的，所以当 Active NameNode 发生故障无法提供服务时，Standby NameNode 就能快速进行状态转换，变为 Active NameNode 对外提供服务，从而实现故障转移，增强 NameNode 的可用性。

虽然 NameNode 的稳定性通过 HA 得到了增强，但是随着集群规模的扩大，NameNode 的内存逐渐成为影响其扩容的主要因素，而 Federation 为其提供了横向扩展的能力。在 Federation 中，一个大 HDFS 集群会被分为 $N$ 个小 HDFS 集群，这些小集群既可以共享 DataNode 的存储空间，也可以对其进行物理隔离。viewfs 负责提供 $N$ 个小集群的整体视图，对普通用户屏蔽内部架构细节，这样也方便集群管理员管理集群。Federation 的整体架构如图 1-3 所示。

Hadoop 2.0 的另一个亮点是将 Hadoop 1.0 中的 MapReduce 拆分为两个组件：一个组件专注于分布式计算，依然以 MapReduce 命名；另一个组件专注于资源管理，命名为 YARN，具体内容详见第 3 章。

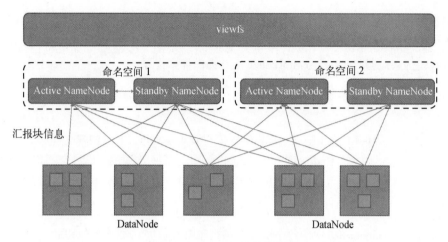

图 1-3　Federation 的整体架构

　　任何系统都处在不断迭代的过程中，并且在迭代中会解决一些瓶颈问题，而随着使用场景的不断扩大，又会出现新的瓶颈。Hadoop 也不例外，虽然 Hadoop 2.0 解决了很多问题，使其性能得以提升、集群规模得以扩大，但是在扩大的过程中，精益求精的工程师们又发现了新的瓶颈，例如 HDFS 虽然在 Federation 下能够横向扩展，但是其使用方式并不利于维护，而且数据冗余存储的方式在大规模集群中暴露出了存储资源利用不足的问题。再者就是 HDFS 的横向扩展导致在集群达到一定规模时，ResourceManager 对资源的调度成了新的瓶颈。为了解决这些问题，Hadoop 3.0 问世了。

## 1.2　Hadoop 3.0

　　Hadoop 3.0 没有在架构上对 Hadoop 2.0 进行大的改动，而是将精力放在了如何提高系统的可扩展性和资源利用率上，因此 Hadoop 3.0 提供了更高的性能、更强的容错能力以及更高效的数据处理能力。

　　在提高可扩展性方面，Hadoop 3.0 为 YARN 提供了 Federation，使其集群规模可以达到上万台。此外，它还为 NameNode 提供了多个 Standby NameNode，这使得 NameNode 又多了一份保障。

　　在提高资源利用率方面，Hadoop 3.0 对 HDFS 和 YARN 都做了调整。HDFS 增加了纠删码副本策略，与原先的副本策略相比，该策略可以提高存储资源的利用率，用户可以针对具体场景选择不同的存储策略。YARN 作为一个资源管理平台，当然重视资源的利用率，它增加了很多新功能。例如，为了更好地区分集群中各机器的特性，新增了 Node Attribute 功能，此功能与 Node Label 不同，具体的细节会在 3.4.3 节中介绍。由于越来越多的框架运行在 YARN 上，为了更好地进行资源隔离，YARN 丰富了原先的 container 放置策略等，具体可以参考官网。

另外，Hadoop 3.0 中还新增了两个成员，分别是 Hadoop Ozone 和 Hadoop Submarine。Hadoop Ozone 是一个对象存储方案，在一定程度上可以缓解 HDFS 集群中小文件的问题。Hadoop Submarine 是一个机器学习引擎，可使 TensorFlow 或者 PyTorch 运行在 YARN 中。

Hadoop 3.0 整个工程包含 6 个模块，具体如下。

❑ Hadoop Common。这是将其他模块中的公共部分抽象出来并整理成的一个模块，它为 Hadoop 提供一些常用工具，主要包括配置工具包 Configuration、抽象文件系统包 FileSystem、远程调用包 RPC 以及用于指标检测的 jmx 和 metrics2 包，还有一些其他公共工具包。

❑ HDFS（Hadoop Distributed File System，Hadoop 分布式文件系统）。Hadoop 有一个综合性的、抽象的文件系统概念，提供了很多文件系统的接口，一般使用 URI 方案来选取其中合适的文件系统实例进行交互。Java 抽象类 org.apache.hadoop.fs.FileSystem 展示了其中的一个文件系统，该系统有几个具体的实现，而 HDFS 只是这些实现中的一个。HDFS 是 Hadoop 的旗舰级文件系统，以流式数据访问模式存储超大文件，是一个高吞吐量的分布式文件系统。

HDFS 的设计场景是**一次写入，多次读取**。因为它认为一个数据集的获取过程通常是先由数据源生成数据集，接着对该数据集进行各种各样的分析，每个分析至少会读取此数据集中的大部分数据，所以 HDFS 的流式数据访问模式可以提高吞吐量。此外，HDFS 还具有高度容错性，能够自动检测和应对硬件故障。

❑ Hadoop YARN。YARN 是从 JobTracker 的资源管理功能中独立出来，形成的一个用于作业调度和资源管理的框架。作为一个通用的资源管理平台，YARN 将 container 作为资源划分的最小单元，所划分的资源包括 CPU 和内存。YARN 能够支持各种计算引擎，例如支持离线处理的 MapReduce、支持迭代计算和微批处理的 Spark 以及支持实时处理的 Flink，它还提供了接口以便让用户实现自定义的分布式应用。

YARN 作为 Hadoop 的一个模块，与 HDFS 有着天然的兼容性。它将应用都集成到统一的资源管理平台中，一方面使得应用之间能够轻松地实现数据共享，避免了多个集群的冗余存储或者跨集群数据复制；另一方面，多个计算引擎集中在一个集群中既能够减轻运维，也能更好地利用资源，避免在某一时刻某些集群的计算资源比较紧张而其他集群的资源比较空闲。

❑ Hadoop MapReduce。MapReduce 是一种基于 YARN 的大数据分布式并行计算模型，它将整个计算过程分为 Map 和 Reduce 两个任务：Map 任务从输入的数据集中读取数据，并对取出的数据进行指定的逻辑处理，然后生成键值对形式的中间结果，并将该结果写入本地磁盘；Reduce 任务从 Map 任务输出的中间结果中读取相应的键值对，然后进行聚合处理，最后输出结果。

MapReduce 主要用于对大规模数据进行离线计算。一个完整的 MapReduce 作业由 $n$ 个 Map 任务和 $m$ 个 Reduce 任务组成，出于对性能优化的考虑，$n > m$。另外，对于某些特定的场景，可以对 Map 任务使用的 combiner 个数进行优化以减少它的输出数据。至于 Reduce 任务要读取哪些数据，这是由 Map 任务的分区策略决定的，默认是散列分区策略，也可根据需要自定义。

❑ Hadoop Ozone。这是专门为 Hadoop 设计的、由 HDDS（Hadoop Distributed Data Store）构建成的可扩展的分布式对象存储系统。对它的介绍详见 2.6 节。

❑ Hadoop Submarine。这是一个机器学习引擎，可以运行 TensorFlow、PyTorch、MXNet 等框架，可以运行在 YARN、Kubernetes 等资源管理平台之上。Hadoop Submarine 随后的开发计划还包含算法开发、模型增量训练以及模型管理，这使得基础研发工程师和数据分析师都能运行深度学习算法。

其中最后两个模块是新增的，它们正处在开发中，之后会使 Hadoop 更加强大。Hadoop Ozone 已有正式发行版，目前版本是 1.0.0，已经可以进行测试、调研、使用。而 Hadoop Submarine 还没有对外公布任何版本，在 Hadoop 3.2 中并没有该模块。

## 1.3   阅读 Hadoop 源码

作为一名 Hadoop 管理员或者研发人员，为了在遇到问题时能够快速定位问题，或者使自己的程序能够更好地与 Hadoop 融合，就必须了解 Hadoop 的内部原理及架构。深入了解一个开源项目的方法有很多种，比如阅读相关图书、博客，但这些只能作为一种辅助手段或者入门方法。要想更加深入地了解或者熟悉其最新架构，需要自己去阅读源码。

Hadoop 作为一个经典的开源项目，其本身的代码组成较为复杂，代码量较大，直接阅读较为困难，此时搭建一个源码阅读环境进行代码跟踪就很有必要了，这样可以方便理解代码逻辑。本节就来介绍一下如何搭建一个可用的源码阅读环境，以及如何进行断点调试代码和单元测试。

> **说明**
>
> 个人建议 IDE 使用 IntelliJ IDEA，本节也是以它作为代码编辑工具。

从官网上下载源码包 hadoop-3.2.0-src.tar.gz，导入 IDEA。具体步骤为打开 IDEA，单击 Open，选择源码所在的目录，我的 Hadoop 源码所在目录为/Users/user/tmp/hadoop-3.2.0-src，如图 1-4 所示。

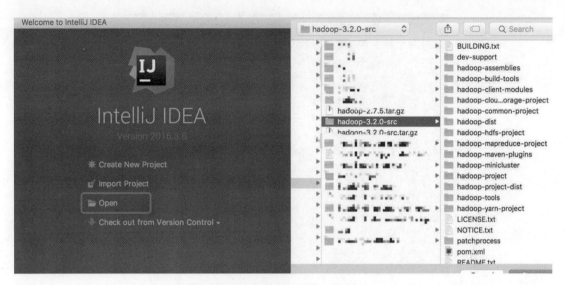

图 1-4　导入 Hadoop 源码

IDEA 会自动识别 Maven 项目，这里要注意一下项目中的文件夹有没有蓝色方块标识以及 Java 文件显示图标，成功导入的目录结构如图 1-5 所示。

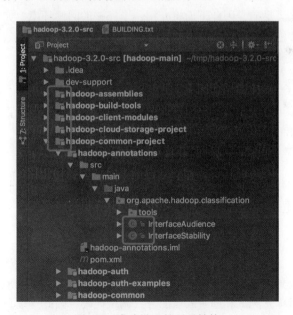

图 1-5　成功导入的目录结构

如果没有图 1-5 中的这些标识，就说明 Maven 配置没有被识别，此时需要在 Maven Projects 选项中单击"刷新"按钮，以识别项目的 Maven 配置，构建项目所需的依赖环境，如图 1-6 所示。

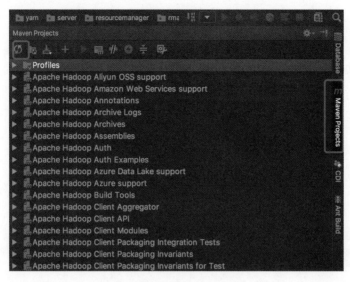

图 1-6　刷新 Maven 项目

如果只想简单地跟踪代码以了解某个功能或者函数的实现逻辑，则可以跳过本节中剩下的内容，继续看后面的章节。当你看代码陷入困境，想要通过断点调试代码或者运行一个单元测试时，仅凭上面的环境是无法满足的，因此下面将介绍一个完整的阅读环境。如果要运行 Hadoop 中的单元测试，由于有一些依赖类是不存在的，需要通过 proto 命令生成，因此在运行单元测试之前，需要先生成这些依赖类，具体的生成方式有如下两种。

- ❏ 利用 proto 命令对 proto 文件生成对应的 Java 类，命令为 protoc test.proto -java _out=/tmp，其中 test.proto 是要生成 Java 文件的 proto 文件，--java_out 指定了 Java 文件的输出目录。
- ❏ 编译 Hadoop。

这里推荐使用第二种方式，因为需要生成的 proto 文件较多，第二种方式简单粗暴、一劳永逸，而且编译 Hadoop 是一项不可或缺的技能。

### 1.3.1　单元测试

在源码的根目录中有个 BUILDING.txt 文件，其中记录了编译 Hadoop 所需的软件及一些步骤。由于只是为了进行单元测试和通过断点的方式调试代码，因此这里只编译 Hadoop，并没有生成对应的二进制文件，编译命令为 mvn package -Psrc -DskipTests。如果要部署 Hadoop，还需要将源码编译成二进制文件。编译二进制文件时，需要先安装一些依赖软件，具体如下（这里只关注 Linux/Mac 环境下的编译步骤，Windows 环境下大同小异）。

❏ JDK 1.8

❏ Maven 3.3 及以上版本

❏ Protocol Buffer 2.5.0

❏ CMake 3.1 及以上版本

❏ zlib-devel

❏ cyrus–sasl-devel

❏ GCC 4.8.1 及以上版本

❏ openssl-devel

❏ Linux FUSE 2.6 及以上版本

❏ Jansson

❏ Doxygen

❏ Python

❏ bats

❏ Node.js

关于它们的具体安装方式，网上有很多教程，并且较为简单，故不在此展开。

　　成功安装上述依赖软件之后，执行编译命令 mvn clean package -DskipTests -Pdist, native -Dtar，正常情况下会在 hadoop-dist/target 下生成一个 Hadoop 的二进制 tar 包。如果没有成功，也不要慌，执行 mvn clean package -DskipTests -Pdist,native -Dtar -X 查看具体是哪儿出错了，然后再针对性地去解决。我是在 Mac 环境下编译的，如果在编译过程中遇到问题，可以参考我的博客。在 Linux 环境下，如果依赖软件都安装正确，则出错的概率较小。

　　将编译成功的 Hadoop 代码按照本节开头介绍的方式导入 IDEA，然后随便找个测试类执行单元测试，看看是否有异常信息。这里执行 TestJob 类，如果成功，则表示源码阅读环境已基本部署成功（如果出现有些模块未识别成 Maven 项目的情况，可以参考图 1-6 进行修改）。

　　之所以说基本部署成功，是因为还可能会遇到 webapps/datanode 或者 webapps/hdfs 的异常，错误信息为 java.io.FileNotFoundException: webapps/datanode not found in CLASSPATH。如果上述步骤都正常，解决这个问题将非常容易。根据报错信息可以发现，这是 HttpServer2 类抛出的异常，此时只要在代码处加入一些代码进行调试即可解决，具体代码如下：

```
protected String getWebAppsPath(String appName) throws FileNotFoundException {
  URL resourceUrl = null;
  // 将 webResourceDevLocation 赋值为 src/main/webapps 目录
  File webResourceDevLocation = new File("src/main/webapps", appName);
```

```
  // 在此处加入代码, 打印出具体的目录信息
  System.out.println(webResourceDevLocation.getAbsolutePath());
  // 判断 Web 服务器的运行方式
  // 当 webResourceDevLocation 不存在时, 运行模式为开发模式
  if (webResourceDevLocation.exists()) {
    LOG.info("Web server is in development mode. Resources "
      + "will be read from the source tree.");
    try {
      resourceUrl =
        webResourceDevLocation.getParentFile().toURI().toURL();
    } catch (MalformedURLException e) {
      throw new FileNotFoundException("Mailformed URL whilefinding the
        " + "web resource dir:" + e.getMessage());
    }
  } else {
    resourceUrl =
      getClass().getClassLoader().getResource("webapps/" + appName);
    // 具体的报错信息是从这里报出的
    if (resourceUrl == null) {
      throw new FileNotFoundException("webapps/" + appName +
        " not found in CLASSPATH");
    }
  }
  String urlString = resourceUrl.toString();
  return urlString.substring(0, urlString.lastIndexOf('/'));
}
```

查看代码, 会发现报错信息在 else 语句块中。这段代码的功能是得到 Web 服务器的路径,
其中有一个 if/else 语句块, 用于判断 Web 服务器的运行模式。当 webResourceDevLocation.
exists() 为真, 即 webResourceDevLocation 对应的目录存在时, 代表运行的是开发模式,
进入 if 语句块; 不为真时进入 else 语句块, 报错的原因是 webResourceDevLocation 对应的目
录不存在。进入 else 语句块后, resourceUrl 未获取到对应的值, 为 null, 即判断条件
resourceUrl == null 为真, 然后抛出异常。由于这里是在 IDEA 中运行开发模式, 因此只创建
webResourceDevLocation 对应的目录即可。至于具体在哪里创建目录, 只需在 if 语句之前加
入 println 语句, 查看 Web 服务器使用的相对目录是什么, 然后在相对目录中创建 src/main/
webapps 目录即可。在实际操作过程中, 可能还会报其他异常, 也可按照此思路一一解决。

注意: 如果导入 IDEA 的源码不是通过 mvn package -Psrc -DskipTests 进行编译的,
那么执行单元测试时就没有上面这么顺利了。比如会出现找不到 proto 类, 或者找不到 AvroRecord
类的问题, 但这些都容易解决, 通过对序列化的文件进行编译, 自动生成对应的 Java 文件, 然
后将其复制到对应的包目录即可。比较麻烦的是, 有些模块中找不到另一个模块的类, 这就需要
更改当前模块对其依赖的对应模块的依赖范围。例如, 导入的代码是未通过 mvn clean package
-DskipTests -Pdist,native -Dtar 编译成功的, 运行单元测试时, 有可能会报下面的异常
信息:

```
/Users/xx/tmp/hadoop-3.2.0-src/hadoop-common-project/hadoop-auth/src/test/java/org
  /apache/hadoop/security/authentication/server/TestKerberosAuthenticationHandler.java
Error:(16, 33) java: 程序包 org.apache.hadoop.minikdc 不存在
Error:(48, 13) java: 找不到符号
  符号:  类 KerberosSecurityTestcase
Error:(81, 5) java: 找不到符号
  符号:   方法 getKdc()
  位置: 类 org.apache.hadoop.security.authentication.
    server.TestKerberosAuthenticationHandler
Error:(186, 5) java: 找不到符号
  符号:   方法 getKdc()
  位置: 类 org.apache.hadoop.security.authentication.server.
  TestKerberosAuthenticationHandler
```

此时就需要将 auth 模块对 minikdc 模块的依赖范围改为 Compile 或者 Provided，如图 1-7 所示。

图 1-7　修改依赖模块的范围

## 1.3.2　断点调试代码

本节主要介绍远程断点调试代码。进行远程断点调试时，首先需要部署一套 Hadoop 环境，伪分布式和分布式都可以。当然，也可以远程断点调试线上环境。其次，要保证 1.3 节开头所讲的源码阅读环境正常。

远程断点调试代码分为三步：第一步是在远程代码端设置一些 Java 启动参数，第二步是在 IDEA 中设置远程服务的 IP 地址与端口，第三步是在远程代码服务器上启动相关进程，然后在 IDEA 中进行断点调试。

假如要调试 Hadoop 命令，需先在 HADOOP_HOME/bin/hadoop 文件中添加如下代码：

```
HADOOP_OPTS="$HADOOP_OPTS -Xdebug -
  Xrunjdwp:transport=dt_socket,server=y,suspend=y,address=8888"
```

添加之后的结果如下：

```
HADOOP_OPTS="$HADOOP_OPTS -
  Dhadoop.security.logger=${HADOOP_SECURITY_LOGGER:-INFO,NullAppender}"
# 将代码添加在下面
HADOOP_OPTS="$HADOOP_OPTS -Xdebug -
  Xrunjdwp:transport=dt_socket,server=y,suspend=y,address=8888"

export CLASSPATH=$CLASSPATH

# 执行 Hadoop 相关命令
exec "$JAVA" $JAVA_HEAP_MAX $HADOOP_OPTS $CLASS "$@"
```

然后执行 Hadoop 命令，例如 hadoop fs -ls /tmp，此时 ls 的执行过程会被卡住，提示 Listening for transport dt_socket at address: 8888，这表明端口 8888 处于监听状态，可以接收来自 IDEA 的断点调试请求。

接着在 IDEA 中找到要进行断点调试的主类，如果执行 Hadoop 命令时输入的参数是 fs，则在 HADOOP_HOME/bin/hadoop 文件中找 fs 对应的主类 FsShell，代码如下：

```
if [ "$COMMAND" = "fs" ] ; then CLASS=org.apache.hadoop.fs.FsShell
```

在 IDEA 中找到 FsShell 主类（可以通过快捷键 Command＋O 或者 Ctrl＋N）之后，配置其远程断点调试。具体步骤为选择 Run→Edit Configurations，在弹出的页面左上角处单击加号＋，然后添加 Remote 选项，如图 1-8 所示。

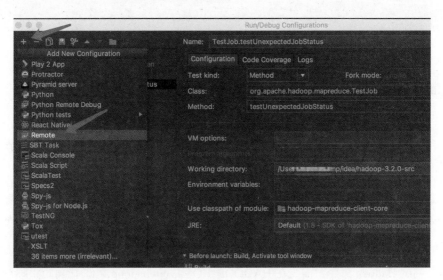

图 1-8    添加 Remote 选项

添加 Remote 选项之后，对其进行简单修改就行，这里主要修改 Host、Port 和 module's classpath。将 Name 改为 FsShell，这是为了与其他任务进行区分，因为 Name 的默认值为 Unnamed。将 Host 改为远程服务器的 IP 地址或者主机名，Port 改为远程服务设置的端口，这两个值是在 HADOOP_HOME/bin/hadoop 文件中配置的 IP 地址和端口。将 module's classpath 改为 FsShell 所在的模块包，如图 1-9 所示。

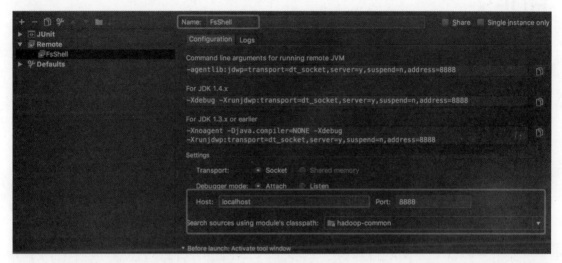

图 1-9　修改 Remote 选项

修改好之后，就可以设置断点进行远程断点调试了。

## 1.4　小结

本章首先分析了 Hadoop 各个版本的演变过程，然后梳理了 Hadoop 3.0 中的主要模块，最后为了能够更加深入地研究 Hadoop 的技术细节，介绍了如何搭建一个完整的 Hadoop 源码阅读环境。在随后的章节中，我们将逐步介绍 Hadoop 3 中的一些新特性，这些特性基于 Hadoop 3.2 版本。至于没有在书中介绍的内容，希望读者自己搭建源码阅读环境进行研读。

# 第 2 章

# HDFS

HDFS 是目前使用最多的分布式文件系统。各种大数据统计分析工具使用的底层数据大多数来源于 HDFS，因此在工作中不仅要会用它，还要了解它内部的一些原理。本章主要介绍 HDFS，深入剖析其常用功能的原理，并介绍一些新特性。

本章的重点在前 5 节，其中 2.1 节介绍 HDFS 的一些基础知识；2.2 节介绍与 NameNode 的元数据及内存结构相关的内容，为 NameNode 的优化和管理提供知识储备；2.3 节介绍 HDFS HA 的原理，2.4 节介绍 HDFS 的 Federation，这两节解决了在生产环境中遇到的单点问题和集群横向扩展问题；2.5 节介绍纠删码副本策略，2.6 节介绍下一代对象存储系统 Ozone，这两节可为集群后续的发展和优化提供一些方向。

## 2.1　HDFS 简介

HDFS 是 Hadoop 的一个核心项目，作为一个分布式文件系统，它承载着整个 Hadoop 生态系统。HDFS 为 Hadoop 生态系统中的上层应用和用户提供可扩展、高吞吐、高可靠的数据存储服务，是一个无可替代的基础设施，对可靠性和性能有着较高的要求。HDFS 将故障视作常态，并将其设计成高容错，还针对 Hadoop 的具体使用场景进行了特性优化，比如将 HDFS 设定成一次写入多次读取的形式来提升性能。

HDFS 采用主/从架构，由 NameNode 和 DataNode 组成。其中 NameNode 为主节点，主要负责管理 HDFS 的命名空间、解析客户端的请求、控制客户端对 HDFS 的访问。单个命名空间一般包含 2 到 3 个节点，用来做高可用。DataNode 为从节点，主要用作物理存储，其数量视集群规模而定。HDFS 的架构如图 2-1 所示。

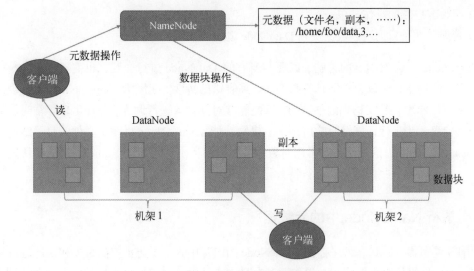

图 2-1　HDFS 的架构图

　　在 HDFS 中，文件以数据块（逻辑块）的形式存储，一个文件根据数据块的大小被切分为 $n$ 个数据块。HDFS 将元数据信息存储在 NameNode 中，具体的文件数据块存储在 DataNode 中。元数据信息包括文件的 inode 信息、文件和数据块的映射信息、数据块和 DataNode 的映射信息，这些信息将常驻在 NameNode 内存中。为了容错，将文件数据块的 3 个副本冗余存储在多个 DataNode 中，存储规则为如果当前客户端（发起与 HDFS 进行交互请求的程序所在的服务器）是 DataNode，则将第一个副本写入本机；如果当前客户端不是 DataNode，则从集群中随机选一台 DataNode（优先从与客户端相同机架上选）存储第一个副本；选好第一个副本的位置之后，其余两个就容易了，第二个副本放在另一个机架上，第三个副本放在与第二个副本同一个机架的另一个 DataNode 上。

　　把元数据信息和文件数据块信息分开存储的策略从架构上对 HDFS 进行了解耦，降低了系统的故障率，提高了读写性能，能对各个组件进行优化扩展。

　　上文提到元数据信息会常驻 NameNode 内存，那么这些内容在内存中是如何存储以及如何被持久化的呢？2.2 节将回答这个问题。

## 2.2　解析 NameNode 中的元数据及其内存结构

　　NameNode（NN）是 HDFS 中的主节点，其主要作用为：

- ❑ 负责管理 HDFS 的命名空间、集群信息和数据块；
- ❑ 维护整个 HDFS 的文件目录树、文件目录的元信息和每个文件对应的数据块列表；

- □ 接收客户端的操作请求；
- □ 管理文件和数据块、数据块和 DataNode 之间的映射关系。

NameNode 作为 HDFS 的首脑，既要与所有的 DataNode 进行交互，也需要并发地响应各个客户端发来的请求，所以它必须具有高性能、高容错的特性。正因为 NameNode 如此重要，所以管理员才应该熟悉它的架构和内部结构，以便能够对其参数进行调优，并在出现异常时能够快速跟踪堆栈信息。为了保证能及时响应请求、提高性能，NameNode 将整个文件的目录结构和数据块与 DataNode 的映射信息等一些常用对象常驻在其内存中；为了让 NameNode 能够快速进行故障恢复，会定期将一些内部数据进行持久化。

## 2.2.1　解析 NameNode 中的元数据

HDFS 整个集群的状态都保存在 NameNode 的内存中。为了防止数据丢失和快速进行故障恢复，NameNode 将修改集群状态的操作记录在日志文件中，并定期将集群的状态持久化到磁盘。其中提到的数据指的是 NameNode 中的元数据，日志文件指的是 edits 文件，用于持久化集群状态的文件是 fsimage 文件。fsimage 文件和 edits 文件组合在一起就是集群最新的状态。

当 HDFS 客户端提交类似于创建文件或者删除文件这样的写操作请求时，NameNode 不仅会更新内存中命名空间的状态，还会将此操作记录在 edits 文件中，每个操作均对应一个事务，每个事务都有一个整数类型的事务 ID 作为编号，edits 文件在此处有一种 WAL（预写日志）的功能，该功能主要用于操作回放。

edits 文件存储在本地磁盘的 dfs.namenode.edits.dir 目录下，该目录默认在 dfs.namenode.name.dir 目录下，与 fsimage 文件在同一目录。但是出于对安全和性能的考虑，会单独配置 `dfs.namenode.edits.dir` 参数，使 edits 文件和 fsimage 文件分别存储在不同的磁盘上，以减少 IO 影响。edits 文件的目录结构为：

```
${dfs.namenode.edits.dir}/|---current/
  |--- VERSION
  |--- edits_0000000013415808728-0000000013416083764
  |--- edits_inprogress_0000000013416083765
  |--- seen_txid
```

为了读写方便，将 edits 文件切分为多个文件，这些文件从命名规则上分为两类，一类是正在写入的文件，命名规则为 edits_inprogress_${start_txid}；另一类是已经写入完成的文件，命名规则为 edits_${start_txid}-${end_txid}。其中${start_txid}表示这个文件中记录的起始事务 ID，${end_txid}表示这个文件中记录的结束事务 ID。

NameNode 内存中的命名空间用于向客户端提供读写服务，是整个 HDFS 的核心。fsimage

文件中记录的就是在某一时刻，NameNode 内存中的命名空间存储在磁盘的状态，fsimage 文件存储在本地磁盘 dfs.namenode.name.dir 目录下，目录结构为：

```
${dfs.namenode.name.dir}/|---current/
 |--- VERSION
 |--- fsimage_0000000013428228405
 |--- fsimage_0000000013428228405.md5
```

fsimage 文件的命名规则为 fsimage_${end_txid}，它存储的是在某一时刻 HDFS 集群状态的快照。fsimage 文件通过 protobuf 序列化存储在磁盘，由四部分组成，分别为文件头 MAGIC 模块、存储具体 INODE（INodeSection）和 INODE_DIR（INodeDirectorySection）等其他信息的 SECTION 模块、存储 SECTION 模块统计信息的 FileSummary 模块、记录 FileSummary 模块长度的 FileSummaryLength 模块，具体如图 2-2 所示，相关存储格式可参考 protocol 文件 fsimage.proto。

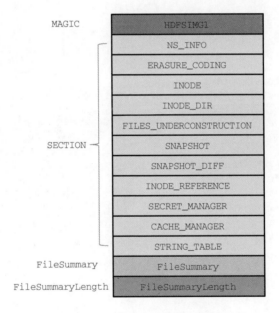

图 2-2　fsimage 文件的内容结构

由图 2-2 可看出，SECTION 模块包含很多信息，其中最重要的是 INODE 和 INODE_DIR，fsimage 文件将 inode 信息序列化为了这两种。其中 INODE 记录每个 inode（包括 INodeFile 和 InodeDirectory）的信息，INODE_DIR 记录每个目录中的 inode。如果把 INODE 中的每个 inode 当成一个图中的每个点，而 INODE_DIR 中的每个目录当成这个图中的每条边，那么就把 NameNode 内存中命名空间的树结构存储为了一个图。这样有两个优点，一个是与实际的图更加匹配，因此当集群中存在 fsimage 文件时，inode 不用再形成树，不同的目录能通过 INODE_REFERENCE 对象指向同一个

inode；另一个是将结构扁平化，为并行提供了机会，每个 inode 都被独立地存储在 fsimage 文件中，因此可以并行地解析和构建不同的 inode。下面来看看 INODE 和 INODE_DIR 模块中存储的具体内容以加深印象：

```
# 将 fsimage 文件解析为 xml 文件时，INODE 模块和 INODE_DIR 模块的内容
<INodeSection>
  <lastInodeId>22889</lastInodeId>
  <numInodes>6505</numInodes>
  <inode>
    <id>16385</id>
    <type>DIRECTORY</type>
    <name>logs</name>
    <mtime>1557213530203</mtime>
    <permission>hadoop:supergroup:0755</permission>
    <nsquota>9223372036854775807</nsquota>
    <dsquota>-1</dsquota>
  </inode>
  <inode>
    <id>16387</id>
    <type>FILE</type>
    <name>hadoop-datanode-out.5</name>
    <replication>2</replication>
    <mtime>1557210063925</mtime>
    <atime>1557210063166</atime>
    <preferredBlockSize>134217728</preferredBlockSize>
    <permission>hadoop:supergroup:0644</permission>
    <blocks>
      <block>
        <id>1073741825</id>
        <genstamp>1001</genstamp>
        <numBytes>1377</numBytes>
      </block>
    </blocks>
    <storagePolicyId>0</storagePolicyId>
  </inode>
</INodeSection>
<INodeDirectorySection>
  <directory>
    <parent>16423</parent>
    <child>16424</child>
  </directory>
</INodeDirectorySection>
```

由于 edits 文件和 fsimage 文件都是序列化的，因此无法直接查看，但是了解其中记录的内容不仅能帮助我们更好地理解 NameNode，而且对其进行解析的过程能帮助管理员了解集群的状态并进行一些针对性的优化或者硬件预算，具体内容会在 5.4.3 节中介绍。HDFS 本身提供了解析 fsimage 文件和 edits 文件的命令，具体如下：

```
# 解析 fsimage 文件
hdfs oiv -p XML -i fsimage -o fsimage.xml
```

```
# 解析 edits 文件
hdfs oev -i edits -o edits.xml
```

具体的参数信息由于篇幅所限在此不展开介绍，具体的使用细节请参考官网。

综上所述，fsimage 文件存储的是 HDFS 集群在某一时刻的状态快照，而 edits 文件存储的是此快照之后所做操作的记录。当服务恢复时，会先加载 fsimage 文件，然后通过回放 edits 文件中记录的事务来恢复命名空间的最新状态。但当 edits 文件的个数太多时，对所有事务都进行回放又会严重拖慢服务恢复的时间。所以为了解决这个问题，NameNode 引入了 checkpoint 机制，此机制会在固定的周期内被触发，将内存中最新的命名空间状态持久化为 fsimage 文件，并推送到主节点 NameNode。

由于创建新 fsimage 文件的过程需要大量的 IO、内存等资源，而且命名空间在执行 checkpoint 机制时会限制客户端的访问，因此 NameNode 将 checkpoint 过程放在了 Secondary NameNode 或者 Standby NameNode 中。目前在生产环境中用的大多是 HDFS 的 HA 模式（2.3 节将会介绍），故下面只简单介绍 HA 模式下的 checkpoint 机制。

整个 checkpoint 机制的执行流程为 Active NameNode 定期滚动 edits 文件，Standby NameNode 同步 edits 文件并在自己的命名空间上进行事务回放，从而与 Active NameNode 保持状态同步，周期性地将自己的命名空间持久化为 fsimage 文件，最后将 fsimage 文件推送给 Active NameNode。checkpoint 机制的触发条件有如下两个，只要满足其中一个即可触发。

(1) 两次执行 checkpoint 之间的时间间隔达到阈值，由属性 `dfs.namenode.checkpoint.period` 控制，默认是 `3600s`。

(2) 新生成的 edits 文件中积累的事务数量达到了阈值，由属性 `dfs.namenode.checkpoint.txns` 控制，默认是 `1000000`。

### 2.2.2 解析 NameNode 的内存结构

NameNode 的内存结构整体分为两部分，分别是命名空间（namespace）和数据块管理（block managerment）。这两部分各有一张大表，其中前者的表存储的信息是文件名与文件包含的数据块列表，后者的表存储的是数据块与其副本所在的 DataNode 列表，这两个大表所占的内存空间大小比 NameNode 运行时内存空间的 50% 要大，是 NameNode 中消耗内存的大户。接下来详细剖析一下 NameNode 的内部结构以及如何针对性地对参数进行调优。

通过 `jmap -histo:live pid` 命令查看进程中各个对象所消耗的内存，会发现 INodeFile、INodeDirectory、BlockInfoContiguous、LightWeightGSet$LinkedElement 数组、DatanodeStorageInfo 数组以及 BlockInfo 数组占用了超过 50% 的内存空间，之后如果开启

了纠删码副本策略，还会包括 `BlockInfoStriped` 对象。

先简单介绍下上述对象在 NameNode 中的表现形式：`INodeFile` 代表 HDFS 上的一个文件；`BlockInfo` 数组是 `INodeFile` 类的一个成员变量，存储着文件的数据块列表；`INodeDirectory` 代表一个目录；`BlockInfoContiguous`（或 `BlockInfoStriped`）继承自 `BlockInfo` 类，代表一个数据块；`DatanodeStorageInfo` 数组是 `BlockInfo` 类的一个成员变量，存储着数据块对应的物理块所在的 `DataNode` 列表；`LightWeightGSet$LinkedElement` 数组是一个 GSet 类型的 Map，NameNode 中共包含 4 个这样的 Map，分别为 `BlocksMap`、`INodeMap`、`cachedBlocks` 和 `NameNodeRetryCache`，其中前两者占用的内存空间比较大。

在了解到上述对象是 NameNode 中消耗内存的大户后，接下来深入源码看下它们在 NameNode 中的作用。HDFS 中的文件被切分为 $n$ 个数据块，这些数据块与文件的具体映射关系存储在 `INodeFile` 中。`INodeFile` 有两个属性，一个是记录文件元数据信息的 `header`；另一个是 `BlockInfo` 数组类型的 `blocks`，它里面存储着文件的所有数据块。`INodeFile` 类的代码如下：

```
public class INodeFile extends INodeWithAdditionalFields
  implements INodeFileAttributes, BlockCollection {
    private long header = 0L;
    private BlockInfo[] blocks;
}
```

对于一个正常健康的 HDFS 集群来说，文件的个数必定是占多数的，也就是说 `INodeFile` 在内存中所占的比例应该最大；其次是 `BlockInfoContiguous` 和 `BlockInfoStriped` 的总和，它们都继承自 `BlockInfo` 类，分别是连续性副本策略和纠删码副本策略的具体实现，每个数据块均对应一个 `BlockInfoContiguous` 或 `BlockInfoStriped` 对象。下面看一下父类 `BlockInfo` 的代码，其中消耗内存较大的是 `DatanodeStorageInfo` 数组：

```
public abstract class BlockInfo extends Block
  implements LightWeightGSet.LinkedElement {
    public static final BlockInfo[] EMPTY_ARRAY = {};
    // 副本因子。采用连续性副本策略时，其为副本个数；采用纠删码副本策略时，
    // 其为 0
    private short replication;
    private volatile long bcId;
    private LightWeightGSet.LinkedElement nextLinkedElement;
    // 物理块存储位置的列表
    // 新加的数据结构，但进行大量删除数据的操作时会影响性能，社区正在回滚
    // 相关 jira HDFS-13671 和 HDFS-9260
    protected DatanodeStorageInfo[] storages;
    private BlockUnderConstructionFeature uc;
}
```

`BlockInfo` 代表一个数据块，其属性 `bcId` 是该数据块的块 ID，`storages` 存储的是该数据块的物理存储位置。各数据块像链表一样通过 `nextLinkedElement` 属性进行串联。

在 BlockInfo 中，存储着数据块与物理块的对应关系，INodeFile 中又存储着文件与数据块的对应关系，那么文件与路径的对应关系是如何存储的？这一部分信息存储在 INodeDirectory 中，其代码如下：

```
public class INodeDirectory extends INodeWithAdditionalFields
  implements INodeDirectoryAttributes {
    // 子节点在初始化时的大小为 2
    // 是通过大量的统计分析之后得到的结果
    public static final int DEFAULT_FILES_PER_DIRECTORY = 2;
    static final byte[] ROOT_NAME = DFSUtil.string2Bytes("");
    // 存放子节点信息。INodeDirectory 和 INodeFile 均继承自 INode
    private List<INode> children = null;
}
```

有了上面这些数据结构及它们包含的对应关系后，对文件的读写已经能满足了。但是 HDFS 作为一个高容错的文件系统，数据块的损坏与修复肯定是常态，那么快速发现坏块并将其修复将会是一个高频操作。此时如果没有新的数据结构，在对整个集群的块信息进行校验时，就需要把所有 INodeFile 中的 blocks 数组都遍历一遍，这样 NameNode 的性能将会极低，因此引入 BlocksMap 数据结构以存放数据块与 BlockInfo 的映射。BlocksMap 中存储着一个数据块与其元信息的映射，这个映射结构不是以散列映射的方式存储，而是采用另一种更高效的、由 Hadoop 自己实现的 GSet，GSet 是一个支持 get 操作的 set 数据结构。blocks 数组在 BlocksMap 中被初始化为 LightWeightGSet。对 LightWeightGSet 的详细分析不在本节范围内，更多的信息请自行参考源码及其他资料。BlocksMap 类的代码如下：

```
class BlocksMap {
  // LightWeightGSet 中数组的大小
  private final int capacity;
  // 数据块与其元信息的映射
  private GSet<Block, BlockInfo> blocks;
  private final LongAdder totalReplicatedBlocks = new LongAdder();
  private final LongAdder totalECBlockGroups = new LongAdder();
  BlocksMap(int capacity) {
    this.capacity = capacity;
    // 初始化 GSet，其所占内存空间的大小被初始化为运行时内存空间大小的2%
    this.blocks = new LightWeightGSet<Block, BlockInfo>(capacity) {
      @Override
      public Iterator<BlockInfo> iterator() {
        SetIterator iterator = new SetIterator();
        iterator.setTrackModification(false);
        return iterator;
      }
    };
  }
}
```

了解了上面几个类的作用后，现在来看下 NameNode 在启动时，还会启动哪些服务来维护其内存数据。NameNode 启动的流程如下。

- ❑ 加载 fsimage 文件：从 fsimage 文件中读取最新的 HDFS 元数据快照（最近生成的 fsimage_xx 文件）。
- ❑ 加载 edits 文件：读取 edits 文件（该文件中包含的所有事务都是在 fsimage_xx 文件中记录的集群状态之后进行的），然后将该文件中的事务重新操作一遍并更新到元数据中，此时的 NameNode 更新到了上次停止时的状态。
- ❑ checkpoint：将当前的集群状态写入新的 checkpoint 中，即产生一个新的 fsimage_xx 文件。
- ❑ Safe mode：等待各个 DataNode 报告各自的数据块信息，形成 BlocksMap，然后退出安全模式。

调用的方法堆栈为 NameNode.main→createNameNode→NameNode→initialize→loadNamesystem→startCommonServices。关键逻辑在 loadNamesystem 方法中，该方法首先初始化 FSNamesystem 对象，然后调用 loadFSImage 方法加载 fsimage 文件和 edits 文件。

FSNamesystem 主要用来管理 HDFS，这些管理工作由一些 Manager 或者 delegates 实现，NameNode 的内存结构也包括这些内容。FSNamesystem 在其构造函数中创建 BlockManager、DataNodeManager 等一系列的 Manager。其中 BlockManager 负责数据块存放在集群的相关信息，包括数据块的状态管理；在任何状态下都维护数据块中存活的副本数，使之等于期望的副本数；BlocksMap 就是由 BlockManager 维护更新的。DataNodeManager 中维护着集群的网络拓扑以及 DataNode 的相关信息。FSNamesystem 实例化之后会加载 fsimage 文件和 edits 文件，通过这些文件在内存中构造出目录树和 BlocksMap 中的 key。最后启动一些通过服务。至此，NameNode 启动成功，其内存结构如图 2-3 所示。

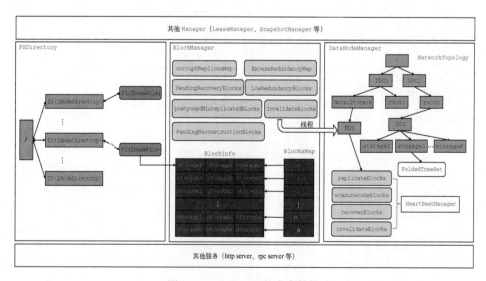

图 2-3　NameNode 的内存结构

　　`FSDirectory` 通过 fsimage 文件和 edits 文件中的内容在内存中构建出了一个巨大的目录树，并实时更新。在一个完整的目录树中，目录节点对应 `INodeDirectory`，文件节点对应 `INodeFile`，这两个类都继承自 `INode`，它们通过 `INodeDirectory` 的 `children` 属性向下关联，通过父类 `INode` 的 `parent` 属性向上关联。目录树的叶子结点是 `INodeFile`，`INodeFile` 中有个 `blocks` 属性存储着文件所有的数据块，这一部分就是图 2-3 中 `BlockManager` 模块中的 `BlockInfo`，这些 `BlockInfo` 同时也被 `BlocksMap` 引用。

　　`BlockManager` 主要用于处理数据块的报告和动态维护数据块的平衡。其中消耗内存最大也最为重要的数据结构是 `BlocksMap`，其次还有一些用于维护数据块平衡的数据结构，例如 `InvalidateBlocks` 用于存放即将删除的数据块、`ExcessRedundancyMap` 用于存放副本数超出期望值的数据块、`LowRedundancyBlocks` 用于存放副本数低于期望值的数据块。这些数据结构被一些单独的线程维护，都会与具体的 `DatanodeDescriptor` 相关联。

　　`DataNodeManager` 通过 `NetworkTopology` 监控 DataNode 各节点的状态变化，通过 `HeartbeatManager` 向 DataNode 发送数据块变化的指令。图 2-3 中 `DataNodeManager` 模块中的 DD1 指的是 `DatanodeDescriptor`，它维护着 DataNode 的信息。`FoldedTreeSet` 是一个类似于红黑树的数据结构，存储着当前的 `storage` 数据块，替换了之前版本的 `triplets`（双向链表结构），不过在写此书的时候社区又在考虑回滚这块的代码，因为现在删除数据时效率较低，详情请参考 HDFS-13671 和 HDFS-9260。

## 2.3　解析 NameNode 的 HA 功能

　　在 Hadoop 2.0 之前，HDFS 中只有一台 NameNode，虽然有一台 Secondary NameNode 会周期性地将 NameNode 内存中的状态持久化为 fsimage 文件，但是当 NameNode 出现故障死机之后，Secondary NameNode 并不能马上代替它提供服务。换言之，NameNode 存在单点故障问题。在一个分布式系统中，尤其在生产环境中，单点故障是不允许存在的。因此在 Hadoop 2.0 之后，HDFS 推出了 HA 功能，在 Hadoop 3.0 之后，又推出了多个 NameNode 的 HA 功能，使得 HDFS 更加稳定。

　　HDFS 提供了两套 NameNode 的 HA 方案。这两套方案的主要区别在于共享数据的存储介质不同，一种是基于 QJM（Quorum Journal Manager）的，另一种是基于 NFS 的。在实际生产环境中，第一种用的比较多，功能也较为完善。本节也主要介绍基于 QJM 的 HA。

### 2.3.1　基于 QJM 的 HA

　　开发一个 HA 框架主要考虑两方面，一方面是哪些数据需要共享，如何共享；另一方面是如何选举主节点，如何避免脑裂。让我们从基于 QJM 的 HA 方案中寻找答案。先看下 HA 的架构图，如图 2-4 所示。

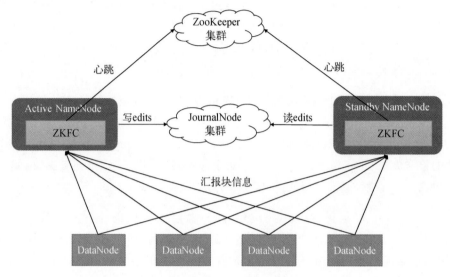

图 2-4    HA 的架构图

从图 2-4 中可以了解到，HA 框架包含一些 NameNode、ZooKeeper 集群和 JournalNode 集群。在众多 NameNode 中，只有一个是 Active NameNode，其他的都是 Standby NameNode。在正常情况下，只有 Active NameNode 可以对外提供读写服务，Standby NameNode 则通过 JournalNode 集群实时地同步 Active NameNode 的最新状态，以及随时准备替代 Active NameNode。ZooKeeper 集群为 Active NameNode 的选举提供支撑和记录 Active NameNode 的信息。

● **数据共享**

Standby NameNode 要想在 Active NameNode 发生故障时快速切换状态并且正常提供服务，就需要与 Active NameNode 中的数据保持一致。那么，哪些数据需要一致呢？我们在 2.2 节中了解到，NameNode 能够正常工作的关键数据是元数据，而元数据主要分为两部分，分别是 edits 文件和 fsimage 文件。其中 edits 文件是实时写入的，能够反映当前集群的最新状态，因此它就是 Active NameNode 需要共享的数据。

找到要共享的数据之后，剩下的问题就是如何共享，因为这些数据是核心数据，所以存储时还需要考虑容错性，在这里使用 QJM 进行存储。QJM 是一个基于 Paxos 算法实现的 HDFS 元数据共享存储方案，其基本原理是用 $2N+1$ 台 JournalNode 组成一个分布式集群来存储 edits 文件，若写操作时有大多数（$\geqslant N+1$ 台）JournalNode 都返回成功，则认为该次写成功，且数据不会丢失。这个算法能容忍的是最多有 $N$ 台机器挂掉，如果多于 $N$ 台机器挂掉，它就失效了。

JournalNode 是一个单独的服务，比较轻量，可以与其他服务混合部署在同一个机器上，但要注意的是其节点数最少为 3，此时可以容忍一台服务死机，如果想容忍更多的服务死机就需要部署更多节点，节点数最好是奇数。

Active NameNode 会将所有修改操作都通过 edits 文件写入 JournalNode 集群并定期归档，Standby NameNode 通过从 JournalNode 集群中读取 edits 文件，然后在内存中进行操作回放达到与 Active NameNode 状态同步的目的。但此时只是把核心数据进行了共享同步，在 Active NameNode 的内存中其实还有一个较大的数据也需要共享，但由于这份数据是动态的而且较大，不太方便通过存储介质进行共享，因此 HDFS 采取从原始数据中进行重构的方案，让每个 DataNode 都向所有的 NameNode 进行块状态报告（BlockReport）。

- **防止脑裂**

脑裂指的是在分布式系统中由于某种原因出现了两个主节点，它们都可以响应客户端的请求，因此不同的请求可能被不同的节点响应，这导致不同客户端看到的集群状态是不一样的。

对于 HDFS 来说，出现脑裂是灾难性的，那该如何防止呢？HDFS 通过隔离（fence）来防止脑裂，隔离包含如下两层含义。

❑ 共享存储隔离：在任何时候都只有一个 Active NameNode 有写权限。
❑ 状态隔离：在 ZooKeeper 集群中，任何时候都只有一个 Active NameNode 可以选举成功。

共享存储隔离使用 QJM 作为存储介质，QJM 的每一个 JournalNode 服务均有一个 epoch number，只有与 epoch number 相匹配的 Active NameNode 才有权限更新其对应的 JournalNode 集群。当 Standby NameNode 状态切换成 Active 时，QJM 就会重新生成一个 epoch number，并更新 JournalNode 集群的 epoch number，以使原 Active NameNode 中的 epoch number 和现在 JournalNode 集群的 epoch number 不匹配，从而原 Active NameNode 无法再往 JournalNode 集群中写数据，即形成了隔离。

状态隔离通过 ZooKeeper 的分布式锁和 watcher 机制保证多个 NameNode 在任何时候都只有一个节点被选举为 Active NameNode，然后通过 RPC 将原 Active NameNode 变为 Standby NameNode。

如果隔离失败，就会脑裂，此时要想办法补救，采用多重措施来保证只有一个 Active NameNode。补救方法的最终目标是将集群中的其他 Active NameNode 都杀掉。具体的补救方法是由 dfs.ha.fencing.methods 控制的，HDFS 有两种实现方法，分别为 ssh fence 和 shell fence。

❑ ssh fence：ssh 到原 Active NameNode 上，使用 fuser 命令结束进程（通过 TCP 端口号定位进程 pid，该方法比 jps 命令更准确）。
❑ shell fence：执行一个事先定义的 shell 命令（脚本）完成隔离。

### 2.3.2　故障转移

本节通过一次故障转移示范一下 HDFS 是如何通过隔离防止脑裂的。

NameNode 的主备切换主要是通过 ZKFC 实现的，其内部有三个组件，分别为 HealthMonitor、ActiveStandbyElector 和 FailoverController。其中 HealthMonitor 是一个独立的线程，用于循环检测 NameNode 的状态；ActiveStandbyElector 主要用于与 ZooKeeper 保持心跳和通过创建临时节点 ActiveStandbyElectorLock 进行主节点的选举；FailoverController 用于进行状态转换。

当 HealthMonitor 线程检测到 NameNode 磁盘空间不足或者 RPC 调用没有响应时，会捕获到 SERVICE_UNHEALTHY 或者 SERVICE_NOT_RESPONDING 状态，然后 NameNode 会退出选举并关闭与 ZooKeeper 的连接。NameNode 与 ZooKeeper 的连接关闭后，临时节点 ActiveStandby-ElectorLock 会自动删除，在此节点上注册的 watcher 就会监听到 NODEDELETED 事件，然后触发选举操作，其实就是抢锁，获得锁的 NameNode 会创建 ActiveStandbyElectorLock 节点，此过程保证了只有一个 NameNode 可以在 ZooKeeper 中选举成功。

此时 NameNode 虽然选举成功了，但状态还是 Standby，而状态的改变才会真正引起脑裂。Standby NameNode 在选举成功之后，就会进行状态转换，在转换之前需先进行以下一系列判断，从而保证最后只有一个节点是 Active 状态。

首先判断 ZooKeeper 中 ActiveBreadCrumb 节点记录的 Active 信息是否与自己相同，如果不同则调用 fenceOldActive 方法进行隔离，fenceOldActive 是在 ActiveStandbyElector 初始化时注册到回调类里的方法，其代码如下：

```
private Stat fenceOldActive() throws InterruptedException,
  KeeperException {
    final Stat stat = new Stat();
    LOG.info("Old node exists: " + StringUtils.byteToHexString(data));
    // appData 是当前节点加入选举时的节点信息，也就是 Standby 节点的信息
    if (Arrays.equals(data, appData)) {
      LOG.info("But old node has our own data, so don't need to fence
        it.");
    } else {
      // 当 ZooKeeper 中节点的信息与 appData 的信息不一样时，进行隔离
      appClient.fenceOldActive(data);
    }
    return stat;
  }
```

当 ZooKeeper 中节点的信息与 appData 不一样时，调用 appClient.fenceOldActive 进行隔离操作。appClient.fenceOldActive 方法会调用 ZKFailoverController.doFence 方法，此方法可以保证只有一个节点是 Active 状态，具体逻辑看如下代码：

```java
private void doFence(HAServiceTarget target) {
  // 由 FailoverController 进行切换, 如果没有切换成功则进行隔离
  boolean gracefulWorked = new FailoverController(conf,
    RequestSource.REQUEST_BY_ZKFC).tryGracefulFence(target);
  if (gracefulWorked) {
    return;
  }
  // 调用 NodeFencer 类, 进行隔离
  if (!target.getFencer().fence(target)) {
    throw new RuntimeException("Unable to fence " + target);
  }
}
```

在上述代码中, doFence 方法首先尝试优雅地通过 RPC 调用将原 Active NameNode 变为 Standby NameNode, 如果成功就结束, 如果不成功则调用 fence 方法执行 dfs.ha.fencing. methods 设置的方法强制更改状态。fence 方法的代码如下:

```java
public boolean fence(HAServiceTarget fromSvc) {
  LOG.info("====== Beginning Service Fencing Process... ======");
  int i = 0;
  // 可以设置多个隔离方法, 以回车符分隔
  for (FenceMethodWithArg method : methods) {
    LOG.info("Trying method " + (++i) + "/" + methods.size() +": " +
      method);
    try {
      // SshFenceByTcpPort 和 ShellCommandFencer 实现了 tryFence 的具体逻辑
      if (method.method.tryFence(fromSvc, method.arg)) {
        LOG.info("====== Fencing successful by method " + method + "
          ======");
        return true;
      }
    }
  }
}
```

fence 方法中的 for 循环会遍历 dfs.ha.fencing.methods 设置的方法, 这里的方法可以设置多个, 以回车符分隔。如果第一个方法可使状态切换成功, 则直接返回, 否则继续执行第二个, 以此类推。

这里需要注意的是 dfs.ha.fencing.methods 一般都会设置 ssh fence 方法, 但是当原 Active NameNode 所在的服务器死机或者 ssh 由于某种原因无法互信时, 就会导致状态切换失败。此时如果只设置了 ssh fence, 那么整个故障转移就失败了, 从而集群无法对外提供服务。其实在这种情况下选举成功的 Standby NameNode 完全可以切换状态为 Active, 因为在这之前已经尝试的好几种方法都没有成功, 说明原 Active NameNode 真的无可救药, 可以放弃了。这就是 shell fence 方法出现的原因, 该方法即为最后的保证。

最终隔离成功之后, 将当前节点的信息写入 ActiveBreadCrumb 节点, 并将当前节点的状态转换为 Active, 整个故障转移流程结束。

### 2.3.3　多 NameNode 模式

在 HDFS 2.0 中，HDFS 就已经支持 NameNode 的 HA 模式了，当时的 HA 模式由一个 Active NameNode 和一个 Standby NameNode 组成，在这种情况下，如果有一个 NameNode 发生故障，就又变成了非 HA 模式。所以在 HDFS 3.0 中，HA 提供了多 NameNode 模式，这种模式依然有一个 Active NameNode，但 Standby NameNode 变成了多个，可以是 3 到 5 个，额外增加的 Standby NameNode 并不会影响已有的性能。

新增的 Standby NameNode 在功能上和普通的 Standby NameNode 没有任何区别，只是在上传 fsimage 文件时有所不同。Standby NameNode 在 HA 模式中的作用不仅是作为 Active NameNode 的一个热备，还需要持久化整个 HDFS 的命名空间。持久化的命名空间就是 fsimage 文件。fsimage 文件是需要发送给 Active NameNode 的，如果多个 Standby NameNode 都将持久化的 fsimage 文件发送给 Active NameNode，那么势必会造成网络浪费和数据不一致的问题。

为了解决此问题，Active NameNode 在收到 Standby NameNode 的发送请求后，会先判断此时是否正在接收和是否存在已经接收完毕 fsimage 文件，如果判断无须再次接收，则返回 `HttpServletResponse.SC_CONFLICT` 状态。

当 Standby NameNode 需要进行 checkpoint 时，会判断是否需要向 Active NameNode 发送请求，如果不需要则只将 fsimage 文件持久化到本地磁盘即可，如果需要则发送。发送成功并不代表 Active NameNode 就会接收，Active NameNode 会先判断此时是否正在接收和是否存在已经接收完毕的 fsimage 文件，如果判断无须再次接收，则返回 `HttpServletResponse.SC_CONFLICT` 状态。

虽然 Active NameNode 可以防止重复接收，但 Standby NameNode 每次都发送请求也会影响 Active NameNode 的性能，所以为了防止 Standby NameNode 发送多余请求，提出了先入为主的协议。协议内容为，根据 Active NameNode 返回的状态判断该 Standby NameNode 的请求是否发送成功，如果成功就将 `isPrimaryCheckPointer` 设置为 `true`，那么下次执行 checkpoint 时就可以发送请求；如果不成功，将 `isPrimaryCheckPointer` 设置为 `false`，下次执行 checkpoint 时不一定可以发送请求。在这个过程中要检查是否满足一个时间阈值，该阈值的计算规则为 `dfs.namenode.checkpoint.period×dfs.namenode.checkpoint.check.quiet-multiplier`。是否发送请求的逻辑转换为代码如下：

```
boolean sendRequest = isPrimaryCheckPointer
|| secsSinceLastUpload >= checkpointConf.getQuietPeriod();
```

多 NameNode 模式虽然显著提高了 HDFS 的稳定性，但还是要严格控制 Standby NameNode 的个数，原因如下。

(1) Standby NameNode 需要从共享存储中读取最新的 edits 文件，太多的 Standby NameNode

势必会影响共享存储的带宽。

(2) DataNode 需要向所有的 NameNode 进行块状态报告，太多的 Standby NameNode 也会对 DataNode 造成影响。

## 2.4　HDFS 的 Federation

2.2 节介绍了 NameNode 的内存结构，从中可以得知 NameNode 需随着集群规模的扩大以及文件量的增加而逐步增加内存，但是机器的内存大小是有上限的，不能一直满足扩展需要，所以只能部署多个 HDFS 集群。部署多个 HDFS 集群虽然可以解决 NameNode 的内存瓶颈问题，但是各个集群之间的数据无法共享，核心数据只能在各个集群中被冗余存储，这就浪费了存储资源，而且多个集群也不利于维护。由于部署多个 HDFS 集群存在着诸如上述的各种弊端，因此社区提供了 Federation（联邦模式）方案。

HDFS Federation 将一个高负载的命名空间切分为多个容量较小的命名空间，这些容量较小的命名空间组成了一个 HDFS 集群，从而缓解了 NameNode 的内存压力，使 NameNode 也能向 DataNode 那样进行横向扩展。

HDFS Federation 是将一个大的 HDFS 集群拆分为多个小 HDFS 集群，这些小 HDFS 集群由各自相互独立的 NameNode 控制，这样就将压力分摊到了多个 NameNode 上，又由于这些 NameNode 是相互独立的，因此某个 NameNode 出现故障并不会影响其他 NameNode 提供服务。在 HDFS Federation 模式中，只有 DataNode 的存储是共享的，每个 DataNode 都会向所有的命名空间汇报并执行所有命名空间发送的命令。HDFS Federation 集群使用 clusterId 作为集群标识，集群中的多个 NameNode 通过命名空间进行隔离，一个命名空间对应一个 block pool。block pool 是数据块的集合，每个 block pool 跟命名空间一样，都是单独管理的，这样命名空间每次为新的数据块生成 blockId 时，均不需要与其他命名空间进行交互。集群中的 DataNode 上存储了所有 block pool 里的数据块，这样某个 NameNode 的故障并不会影响 DataNode 继续服务于集群中的其他 NameNode。

HDFS Federation 方案在解决 NameNode 横向扩展问题的同时，还有一些其他的优点。

- ❑ 提高性能：一个 NameNode 管理的数据分摊到多个 NameNode 上，它们同时对外提供服务，为用户提供更高的读写吞吐率。
- ❑ 增强隔离性：各个 NameNode 管理不同的数据，将数据以及用户进行隔离，使其各自之间的影响降低。
- ❑ 提高可用性：多个 NameNode 同时提供服务，某个 NameNode 发生故障只会影响部分数据，提高了集群的可用性。

## 2.4.1  基于 viewfs 的 Federation

HDFS Federation 虽然有诸多优点，但用户看到的依然是多个集群，访问不同集群的数据时需要使用不同的绝对路径，因此使用起来极不方便。针对这个问题，社区采用了一种类似于 Linux 挂载目录的 viewfs 方案。

viewfs（view file system）可管理多个 HDFS 的命名空间，因此常被用来与 HDFS Federation 配合使用，除了可以为 Federation 集群提供全局统一的命名空间视图，还可为多个单独的 HDFS 集群提供统一的命名空间视图。基于 viewfs 的 Federation 架构如图 2-5 所示。

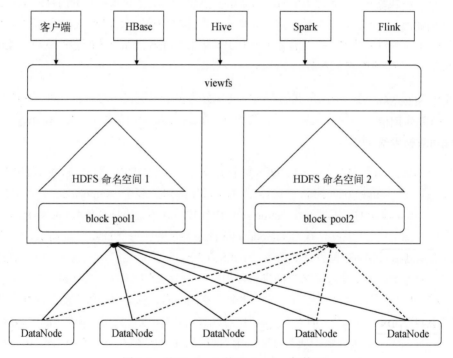

图 2-5  基于 viewfs 的 Federation 架构图

viewfs 通过维护一份全局目录与各个命名空间中目录的映射表向上层应用提供一个统一视图，从而屏蔽底层的 Federation 模式。这种方式对集群管理员并不友好，因为在各个客户端同步时会出现问题，虽然在实际使用中可以把映射表存储在 ZooKeeper 中，这样各个客户端可以实时去同步最新的映射表从而解决一些维护问题，但是维护依然较难。

基于 viewfs 的 Federation 是以客户端为核心的解决方案，对 Hadoop 客户端影响较大，在落地应用时有较多的限制，对上层应用模式有较强的依赖。于是社区在 Hadoop 3.0 中提出了新的用于解决统一命名空间问题的方案：基于 Router 的 Federation。

## 2.4.2 基于 Router 的 Federation

基于 Router 的 Federation 是一种全新的设计方案,它没有延续基于 viewfs 的 Federation 方案,因为 viewfs 对客户端的依赖较强,而且 Federation 模式中各子集群之间无法进行数据均衡。这个全新设计带来的好处如下。

- ❑ **对用户访问完全透明**,访问数据时不需要将 schema 改变为 viewfs,直接访问 Router 即可。此时 Router 就是 NameNode 的一个代理,用于将请求转发到合适的子集群中。
- ❑ **对负载均衡透明**,子集群之间可以像在集群内那样对数据进行负载均衡。
- ❑ **对现有代码架构透明**,Router 和 State Store 都是完全独立的,HDFS 中原组件的代码无须任何修改。

基于 Router 的 Federation 并不像 viewfs 那样在各个子集群之上新增视图,而是在所有子集群之上新增一个拦截转发层,架构如图 2-6 所示。拦截转发层新增的两个组件分别为 Router 和 State Store。其中 State Store 存储远程挂载表(与 viewfs 相似,但是在客户端之间共享)和有关子集群的负载、空间使用信息。Router 实现了与 NameNode 相同的接口,根据 State Store 的元数据信息将客户端请求转发给正确的子集群。

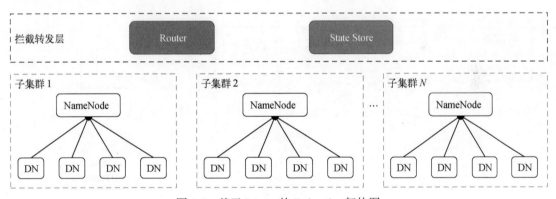

图 2-6 基于 Router 的 Federation 架构图

### 1. Router

Router 是一个独立的进程,直接暴露给客户端,在基于 Router 的 Federation 架构中有两个功能。一个是转发功能,Router 实现了 NameNode 的接口,接收客户端的读写请求,再从 State Store 中读取该请求目录所在的子集群信息,然后将请求转发给对应子集群的 NameNode,并将返回的信息转发给客户端,使之继续后面的流程。另一个功能是通过与 NameNode 进行心跳将 NameNode 的信息维护在 State Store 中。Router 是无状态的,既可以通过部署多个 Router 进行负载均衡来提高吞吐量,也可用多个 Router 监听同一个 NameNode 实现高可用,当不同 Router 记录的信息发生冲突时，采取投票机制解决；当一个 Router 不可用时，其上的请求会迅速被另一个 Router 接管。

### 2. State Store

State Store 中存储的是需要在各个 Router 之间共享的数据，这些数据分为以下四种。

- ❏ 子集群的信息。比如数据块的访问负载、磁盘使用情况和 NameNode 的 HA 状态等。
- ❏ 各个请求目录在子集群中的映射，也就是 Federation 的远程挂载表。
- ❏ 子集群之间负载均衡的状态。用于容错。
- ❏ Router 的状态。Router 会将自己缓存的远程挂载表的版本保存在 State Store 中，用于跟踪该缓存的状态并使得能够安全地重新均衡。

在部署基于 Router 的 Federation 时，Router 可以部署在任意节点，既可以是集群中的节点，也可以是集群外的节点。通常将 Router 部署在 NameNode 上，与本集群中的所有 NameNode 进行心跳，并将信息推送给 State Store。此时一个来自普通客户端的请求流程为：客户端与任意 Router 进行连接，由 Router 去 State Store（或从本地缓存的远程挂载表）中查找客户端请求所对应的子集群，然后在 State Store 中找到具体的 NameNode，并将请求转发给该 NameNode，最后将 NameNode 的响应返回给客户端。客户端的请求流程如图 2-7 所示。

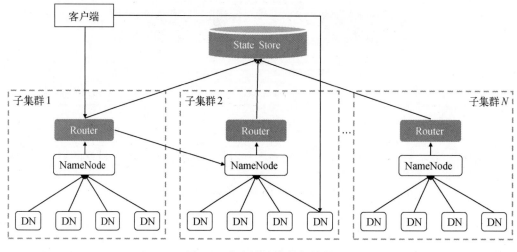

图 2-7   客户端的请求流程图

## 2.5  纠删码

随着 HDFS 的发展，纠删码也被引入到了该领域，使用纠删码进行冗余存储比利用连续性副本存储能够释放更多的存储空间。本节主要介绍纠删码在 HDFS 中的应用与实现。

### 2.5.1　纠删码的原理

纠删码（Erasure Coding，以下简称 EC）是一种前向纠错码（forward error correction，FEC）。它主要应用在网络传输中，通过恢复丢失的数据包和传统领域的磁盘阵列存储（如 RAID5、RAID6）来提高存储的可靠性，也就是对数据进行冗余存储，不过这里相对于 HDFS 的三副本冗余存储来说，EC 的冗余存储较小。

EC 是如何进行冗余存储以及数据恢复的呢？这要从其算法说起。

EC 算法的原理大致是先对原始数据进行编码，然后将此编码作为冗余数据与原始数据一并存储以进行容错。编码思想是通过对 $k$ 块原始数据（data cell）进行计算得到 $m$ 块校验块（parity cell），校验块就是冗余数据，这样实际存储的数据就由原来的 $k$ 块变成 $k+m$ 块，并且各个部分的数据具有一定的关联性，此时如果有块（数据块或校验块）损坏，就可以通过 EC 算法进行计算来恢复数据。EC 算法最多允许 $m$ 个块出错。

EC 总体上分为 XOR 码和 RS 码两类。RS 码（Reed-Solomon code，里德–所罗门码）最为典型，最早应用于通信领域，后来在存储系统中也得到了广泛应用，最近几年由于分布式存储系统的普及，也逐步应用于分布式存储系统中，如 Ceph。XOR 码按照位异或运算进行编码，其速度快于 RS 码。

下面简单介绍 RS 码和 XOR 码是怎么恢复数据的。XOR 码的原理较为简单，利用的是异或原则，即相同为 0、不同为 1，这样的话如果数据中有一位丢失，就可以根据结果推算出丢失位的值。例如一个数据有三位，分别是 0、1 和 1，它们异或的结果为 0，此时如果第二位的值 1 丢失了，就可以通过结果 0 与第三位的值 1 推算出第一位与第二位的值异或的结果为 1，又因为第一位的值是 0，所以丢失的第二位值为 1。虽然原理比较简单，但这里不具体阐述了，感兴趣的话可以自己深入研究。

RS 码比 XOR 码稍微复杂一些，计算量也稍大，但适用性更强，其原理利用的是矩阵与其逆矩阵的关系。下面举个例子具体看一下 RS 码的数据恢复原理。

RS 码需要配置 2 个参数，分别为 $k$ 和 $m$，$k$ 代表原始数据块个数，$m$ 代表校验块个数。假如现在有 5 个原始数据块和 3 个校验块，即 $k=5$，$m=3$。如图 2-8 所示，根据一定的规则计算出一个编码矩阵 $B$，$B$ 与由 $k$ 个数据块构成的向量 $D$ 相乘得到一个码字（codeword）向量。由于编码矩阵 $B$ 中的上部为一个单位矩阵，因此在编码后，原始的 $k$ 个数据块依然可以直接读取。

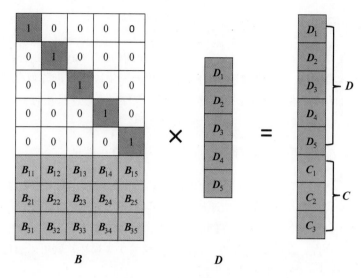

图 2-8    码字向量公式

图 2-8 中生成的含 $k+m$ 个块的码字向量最多能容忍 $m$ 个块的丢失，这些块可以是任意组合，只要个数不超过 $m$，数据就可以恢复。下面看具体的恢复原理，假如在丢失的 $m$ 个块中有两个数据块（$D_1$、$D_4$）和一个校验块（$C_2$）。

恢复过程为先从编码矩阵 $B$ 中删去丢失块对应的行，得到一个 $k×k$ 的矩阵 $B'$，此时码字向量由于丢失了 $m$ 个块，成了含 $k$ 个块的列向量；然后用 $B'$ 替换图 2-8 中的 $B$，它与向量 $D$ 相乘得到的码字向量中的元素正好是那些未丢失的块，如图 2-9 所示。

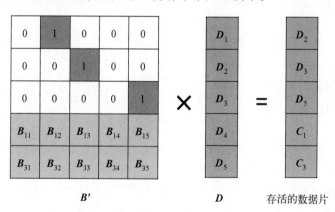

图 2-9    由未丢失块构成的码字向量公式

现在，在图 2-9 中的等式两边都左乘 $B'$ 的逆矩阵就可以得出原始数据向量，如图 2-10 所示。

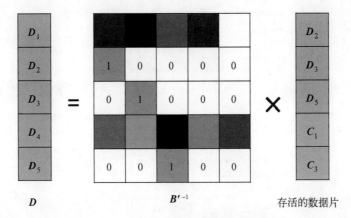

图 2-10　用 RS 码恢复数据的计算公式

无论是 XOR 码还是 RS 码，在数据存储和数据恢复中都需要进行一些计算，尤其是 RS 码。在这两个方案与利用连续性副本容错的方案之间选择的过程，无疑是对存储资源与计算资源进行取舍的过程。在早期，HDFS 选择使用的是连续性副本策略，个人猜测是因为 Hadoop 早期的定位是利用低廉的机器组成一个集群进行大规模数据存储计算，合理利用资源。但是随着 Hadoop 的持续发展，低廉的机器已无法满足各大公司的日常使用，所以 Hadoop 集群的机器已从低廉的服务器升级为高配置高性能的服务器，而且存储的数据也越来越多，再加上 NameNode 的性能瓶颈，存储资源也越来越宝贵，利用连续性副本策略进行容错越来越昂贵，所以在 Hadoop 3.0 中引入了 EC 进行数据容错。

## 2.5.2　HDFS EC

HDFS EC 是由 Intel 和 Cloudera 提出的一种在不牺牲数据可靠性的情况下大大降低存储开销的方案。在默认的三副本模式下，磁盘的冗余率为 200%，其实除了这个，还有一些网络带宽也是 200%，而 EC 的磁盘冗余率最多为 50%，同理网络带宽等资源的冗余率也降低了，只是需要一些 CPU 计算资源作为代价，对于某些场景来说这种代价是值得的。下面看看 EC 在 HDFS 中的整体架构。

### 1. HDFS EC 的架构

HDFS EC 以插件的模式存在，其架构设计也是采用的主/从结构。主模块为 ECManager，是一个管理对象，负责管理 BlockGroup、健康检测和协调数据恢复工作，存在于 NameNode 中。从模块为 ECWorker，存在于 DataNode 中，主要用来监听 ECManager 发送的请求，例如块的恢复和转变。HDFS EC 的架构图如图 2-11 所示。

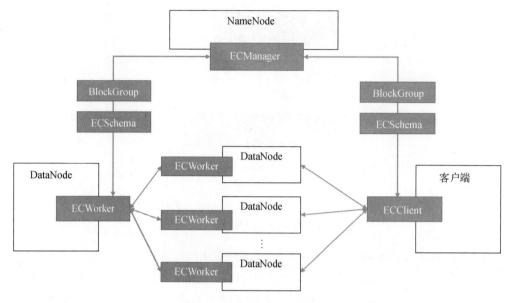

图 2-11　HDFS EC 的架构图

除了主从模块,图 2-11 中还有个 ECClient,它能够让 HDFS 客户端支持 EC 和条带式块布局,使其能并行处理逻辑块中的多个存储块。

这里提到了一个名词:条带式块布局。与它相对的是连续性块布局。块布局是逻辑块与物理块的一种映射关系。连续性块布局指的是逻辑块与物理块一一映射,在这种块布局下,写操作时写满一个物理块再开一个新块继续写,读操作时按写入顺序线性读取每个物理块。条带式块布局将逻辑块分成了更小的存储单元 cell,并选择一组物理块,将每个 cell 以轮询的方式依次写入每个物理块中,轮询一次写入的物理块组被称为单元条带。读取条带式块布局的文件需要查询此文件的逻辑块对应的物理块集,然后从物理块集中读取单元条带。

Cloudera 一方面基于自己的大客户在 HDFS 中的使用习惯,另一方面为了实现在线计算校验信息,将 EC 存储的底层块布局定为了条带式块布局,这种布局还有个好处就是不管集群是小文件较多还是大文件较多,都能节省存储空间。

HDFS 之前的连续性副本策略采用的块布局是连续性块布局,EC 为了充分利用底层相关代码和缓解 NameNode 的压力引入了一个新的概念:BlockGroup。BlockGroup 是一个逻辑概念,一个文件由 1 到 $n$ 个 BlockGroup 组成,一个 BlockGroup 对应一组物理块,其中物理块的个数由 EC 策略决定,例如 EC 策略是 RS-6-3-1024k,那么这个 BlockGroup 就由 9 个物理块组成,每个物理块由 $n$ 个数据 cell 组成,这组 cell 被称为一组条带数据。

看看 RS-6-3-1024k 策略下,数据在条带式块布局下的具体示意图,如图 2-12 所示。

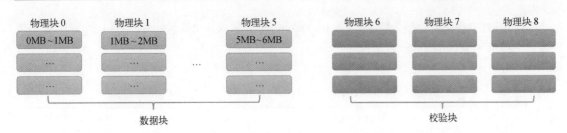

图 2-12  条带式块布局

从图 2-12 中可以看到数据以 cell 为单位，先在物理块 0 中写入一个 cell（0MB~1MB），然后在物理块 1 中写入下一个 cell（1MB~2MB），数据循环一次写入物理块 0 到物理块 5 之后，与之对应的校验块（物理块 6 到物理块 8）组成一个条带式数据进行冗余存储。这与在三副本模式下的连续性块布局不同的是每个物理块中存储的数据不是连续的，每个条带中的数据才是连续的。

**2. HDFS EC 策略**

为了容忍异构存储负载，HDFS 允许文件和目录有不一样的容错策略，可以是副本策略与 EC 策略共存。

EC 策略基于目录进行设置，使得副本方案与 EC 方案可以交错存在。当某个目录设置一种 EC 策略之后，其某个子目录可以继承父目录的存储方案，即每创建一个新文件，都继承它最近的祖先目录的 EC 策略；也可以设置为副本策略，即强制改变子目录的存储方案为三副本方案。

在已设置 EC 策略的目录中新建文件后，可以查询该文件当前的策略，但是不能改变。即使将该文件重命名到不同的 EC 策略目录中，它的 EC 策略也依然不变，要想改变它的 EC 策略，就需要对数据进行重写，也就是复制。

HDFS 提供了 5 种 EC 策略，具体如下。

❑ RS-6-3-1024k：使用 RS 码，每 6 个数据 cell，生成 3 个校验 cell，共 9 个 cell，损坏或者丢失的 cell 个数只要不超过 3，就可以通过剩下的 cell 进行恢复，从而不影响使用。每个 cell 的大小是 1024KB。

❑ RS-3-2-1024k：使用 RS 码，每 3 个数据 cell，生成 2 个校验 cell，共 5 个 cell，最多能容忍 2 个 cell 损坏或者丢失。

❑ RS-LEGACY-6-3-1024k：策略和 RS-6-3-1024k 一样，都是 6 个数据 cell，生成 3 个校验 cell，最多可以容忍 3 个 cell 损坏或者丢失，不同在于它的编码算法用的是 rs-legacy。

❑ XOR-2-1-1024k：使用 XOR 码，计算逻辑简单，比 RS 码快，每 2 个数据 cell，生成 1 个校验 cell，共 3 个 cell，最多能容忍 1 个 cell 损坏或者丢失。每个 cell 的大小是 1024KB。

❑ RS-10-4-1024k：使用 RS 码，每 10 个数据 cell，生成 4 个校验 cell，共 14 个 cell，最多能容忍 4 个 cell 损坏或者丢失。

> **注意**
>
> EC 策略在使用前必须先开启，RS-6-3-1024k 默认是开启的。而且 HDFS 还支持用户自定义 EC 策略。

### 2.5.3   HDFS EC 的实现

HDFS EC 的优点除了能够节省存储空间外，还可将写入操作并行化，从而提高顺序 I/O 操作时的速度，最重要的是它对上层操作完全透明，例如删除、配额报告等操作。

从图 2-11 中可以看出，相较于连续性副本策略，HDFS EC 的改动还是挺多的，对 NameNode、DataNode 甚至客户端都有修改，接下来看一下 HDFS EC 具体是怎么实现的。先来看下各个组件为了支持 EC 进行的相应扩展，随后通过读写和数据恢复再具体分析。

#### 1. 扩展各组件

● **扩展客户端**

HDFS 客户端的主要逻辑实现在 `DFSInputStream` 和 `DFSOutputStream` 方法中，由于三副本的连续性块布局与 EC 的条带式块布局有区别，因此读和写逻辑只能单独实现为 `DFSStripedInputStream` 和 `DFSStripedOutputStream` 方法，这样单独实现之后带来的另一个好处是允许客户端在一个 BlockGroup 内并行地读写数据，而且还支持一些其他特性，例如可以与 HDFS 加密一起使用。

`DFSStripedOutputStream` 方法管理着一组数据流，每一个数据流的另一端各对应一个 DataNode，每个 DataNode 都存储着当前 BlockGroup 中的一个内部块，数据流中的操作大多是异步的。这组数据流其实对应的是一组内部块，各个流之间有些交互通信操作，这些通信都是由协调器控制的。在 `DFSStripedOutputStream` 方法中，协调器是一个静态类 `Coordinator`，其中声明了一些 `map` 和队列用于存储数据流的状态，该类的功能包括在结束 BlockGroup 之前将数据流中数据进行同步，保证数据已经写入前一个块中。在分配新 BlockGroup 时，将 BlockGroup 拆分后的块组放到队列中，以供使用。

`Coordinator` 类的代码如下：

```
/** 协调数据流之间的交互通信 */
static class Coordinator {
    /**
     * 每个流要写入的下一个内部块
     * DFSStripedOutputStream 通过 RPC 调用 ClientProtocol.addBlock 得到
     * 一个新的数据块组
     * 数据块组被切分为内部块，然后分配到队列中以供输出流来检索
     */
    private final MultipleBlockingQueue<LocatedBlock> followingBlocks;
    /**
     * 用于在分配一个新块之前同步所有数据流
     * DFSStripedOutputStream 方法使用这个来确保每个数据流都已经写入前一
     * 个数据块中
     */
    private final MultipleBlockingQueue<ExtendedBlock> endBlocks;
    /**
     * 下面的数据结构用于在发生错误时进行同步
     */
    private final MultipleBlockingQueue<LocatedBlock> newBlocks;
    private final Map<StripedDataStreamer, Boolean> updateStreamerMap;
    private final MultipleBlockingQueue<Boolean> streamerUpdateResult;
}
```

DFSStripedInputStream 方法的实现则较为简单，主要是接收客户端的读请求，并将其请求的数据从逻辑字节的数据范围映射到存储在 DataNode 中的内部块，然后向这些节点并行地发出读请求。如果此过程中发现数据有丢失或者损坏情况，还会发出读取校验码的请求，利用解码算法进行数据恢复。

DFSStripedOutputStream 方法会对写入的数据通过 ErasureEncoder 类进行编码，之后 DFSStripedInputStream 方法在读取数据时，如果发现数据异常，就通过 EnsureDecoder 类对数据进行解码。

- **扩展 NameNode**

扩展 NameNode 就是在 NameNode 中新增 ECManager 模块，对应代码块在 BlockManagerment 包中。ECManager 的主要功能是管理 BlockGroup 和相应的 EC 格式。我们已经知道，EC 的条带式块布局新加入了一个 BlockGroup 的概念，这是一个逻辑块，每个逻辑块包含多个内部块，一个内部块对应一个物理块，并且还可以由内部块的 ID 直接推断出其所在的 BlockGroup 的 ID，这样减少了 NameNode 的内存消耗。ECManager 还负责协调数据恢复工作，具体的流程在下一节中介绍。

NameNode 的扩展功能如图 2-13 所示。

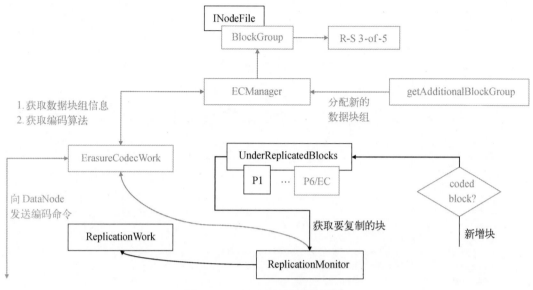

图 2-13　NameNode 的扩展功能

图 2-13 中有个 ErasureCodecWork，此功能与 ReplicationWork 相对应，从 ECManager 获取相关信息进行数据恢复的前期准备工作。

接下来详细说一下 BlockGroup，它可以说是当前阶段 EC 与条带式块布局相结合的一个特色产物，能够防止增加 NameNode 的负载。因为在小文件较多的情况下，如果按照逻辑块与物理块一对一映射存储，那么存储的物理块比在副本情况下多。为了尽可能地让代码复用，对 BlockGroup ID 与 Block ID 进行了区分，将原先的 Block ID 分为了 3 部分，最高位为区分 Block ID 和 BlockGroup ID 的标识。在图 2-14 中，BlockGroup ID 的标识是 1；BlockGroup ID 的最后 4 位全为 0，它的内部块 ID 的最后 4 位为在 BlockGroup 中的索引；剩下的中间部分为 BlockGroup 与其内部块的联系标记。

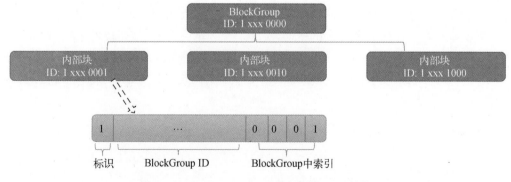

图 2-14　BlockGroup ID 及其内部块 ID 的结构

这里只讲解 BlockGroup ID 是如何生成的，Block ID 就是一个 AtomicLong 递增结构：

```java
long BLOCK_GROUP_INDEX_MASK = 15;
byte MAX_BLOCKS_IN_GROUP = 16;
// SequentialBlockGroupIdGenerator.java
SequentialBlockGroupIdGenerator(BlockManager blockManagerRef) {
  super(Long.MIN_VALUE);
  this.blockManager = blockManagerRef;
}

@Override // 数字生成器
public long nextValue() {
  // (getCurrentValue() & ~BLOCK_GROUP_INDEX_MASK)将最后 4 位置 0
  // + MAX_BLOCKS_IN_GROUP 在第五位上加 1
  skipTo((getCurrentValue() & ~BLOCK_GROUP_INDEX_MASK) + MAX_BLOCKS_IN_GROUP);
  // 确保 BlockGroup ID 不与已存在的随机 Block ID 冲突
  // BlockGroup ID 已设置最高位为 1，所以为负数
  if (b.getBlockId() >= 0) {
    throw new IllegalStateException("All negative block group IDs
      are used, " + "growing into positive IDs, "
      + "which might conflict with non-erasure coded blocks.");
  }
  return getCurrentValue();
}
```

● **扩展 DataNode**

DataNode 中主要的 EC 模块是 ECWorker，由 ErasureCodingWorker 方法实现。ECWorker 的具体功能是处理编码重建任务。编码重建任务被封装在 DataNode 的心跳响应中，由 NameNode 发出，BPOfferService 方法负责将其交给 ErasureCodingWorker。

### 2. 读写与数据恢复过程

EC 的读写流程其实与三副本的读写流程类似，只是因为条带式块布局存储导致 DFSInputStream、DFSOuputStream 方法不能再使用，于是 EC 单独实现了 DFSStripedInputStream、DFSStripedOutputStream 方法，这两个方法分别继承自 DFSInputStream 和 DFSOuputStream。可见两种存储策略下读写流程的底层实现还是类似的，只是 EC 在上层加了些判断逻辑和对读写操作的封装来适应条带式读写。下面简单看看两种策略下读写流程的区别。

● **读流程**

EC 的读流程和三副本的读流程类似，都是从文件流中读取数据，通过文件流 FSDataInputStream 对象的 read 方法进行读取，最终调用 DFSInputStream 对象的 read 方法，并在其中通过重写 readWithStrategy 方法来实现具体的读逻辑。readWithStrategy 方法先对需要读取数据的 pos 属性进行校验，比如判断它是否大于文件长度，是否需要读取新的 BlockGroup；

然后开始读取数据，如果缓存中有就直接从缓存中读取，如果没有就从 BlockGroup 中读取一个条带。在读取条带的过程中，如果数据正常则直接读取，如果有丢失或者损坏则进行解码。具体代码逻辑就不在此罗列了，这里只看下方法的调用流程图，如图 2-15 所示。

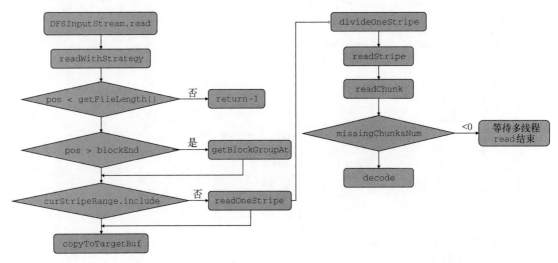

图 2-15　EC 读流程图

● **写流程**

　　EC 的写流程与三副本的写流程之间的差别相对于它们读流程之间的差别要大一些。在三副本情况下，众所周知有个著名的 Pipeline。Pipeline 是由数据块的 3 个副本所在的 DataNode 组成的，数据流向是由 DataStreamer 线程从 dataQueue 中取出 packet，然后通过与 DataNode 的 DataXceiver 交互将 packet 写入目标数据块中，3 个数据块依次写入 packet。但是在 EC 环境下，每个 cell 只会写入一个 DataNode 中的数据块，而且各个 cell 是并行写入的，Pipeline 已发生了变化，所以 EC 增加了 DataStreamer 的子类 StripedDataStreamer 用于 EC 的相关操作。下面以 DFSStripedOutputStream.writeChunk 为入口函数看下大致的写流程：

```
protected synchronized void writeChunk(byte[] bytes, int offset, int len, byte[]
checksum, int ckoff, int cklen) throws IOException {
  final int index = getCurrentIndex();
  // 将数据写入 cell 缓存区，用于编码
  final int pos = cellBuffers.addTo(index, bytes, offset, len);
  // BlockGroup 的长度是整个 block set 的长度，所以直接加 len
currentBlockGroup.setNumBytes(currentBlockGroup.getNumBytes() +
  len);
  if (current.isHealthy()) {
    try {
      // 调用 DFSOutputStream 对象中的 writeChunk 方法
      super.writeChunk(bytes, offset, len, checksum, ckoff, cklen);
    } catch(Exception e) {
```

```
    handleCurrentStreamerFailure("offset=" + offset + ", length=" +
    len, e);
  }
}

if (cellFull) {
  int next = index + 1;
  if (next == numDataBlocks) {
    cellBuffers.flipDataBuffers();
    writeParityCells();
    next = 0;
    if (shouldEndBlockGroup()) {
      ...
    } else {
      // 检查所有流的状态
      checkStreamerFailures();
    }
  }
  setCurrentStreamer(next);
}
}
```

可以看出,`DFSStripedOutputStream.writeChunk`方法其实就是对`DFSOutputStream.writeChunk`进行了封装,在调用`DFSOutputStream.writeChunk`之前先将数据写入 cell 缓存区中,缓存这个数据主要是为了计算校验块,当数据块写完之后就需要编码生成校验块。

当 `DFSOutputStream.writeChunk` 将数据写入 `dataQueue` 中后,将由 `DataStreamer` 对数据进行传输。这个传输过程与三副本的传输过程有所差异,差异在于它是由 `StripedDataStreamer` 完成的,`StripedDataStreamer` 重写了 `DataStreamer` 的几个方法。下面重点关注下其中的 `nextBlockOutputStream` 和 `setupPipelineInternal` 这两个方法。

当 `stage == BlockConstructionStage.PIPELINE_SETUP_CREATE` 条件为真时,调用 `nextBlockOutputStream` 来创建 Pipeline,三副本的逻辑是向 NameNode 请求增加数据块,得到数据块所在的 DataNode 列表,然后与第一个 DataNode 创建连接;而 EC 的逻辑是将数据写入 BlockGroup 的内部块中,每个 cell 只写入一个内部块,所以只从 BlockGroup 中取对应索引的内部块就行。代码如下:

```
protected LocatedBlock nextBlockOutputStream() throws IOException {
  boolean success;
  // 从 BlockGroup 中取出对应索引的内部块
  LocatedBlock lb = getFollowingBlock();
  ...
  // 与 DataNode 建立连接,并检测是否失败
  success = createBlockOutputStream(nodes, storageTypes, storageIDs, 0L,
    false);
  ...
  return lb;
```

```
}
// getFollowingBlock 方法
private LocatedBlock getFollowingBlock() throws IOException {
  ...
  return coordinator.getFollowingBlocks().poll(index);
}
```

三副本的逻辑是如果有数据块发生故障，就替换其所在的 DataNode，但是在 EC 中并不会替换，因为内部块中的每份数据都是独一份，如果将发生故障的节点替换掉，那么已写入故障节点的数据将无法恢复，所以选择忽略，只要剩余的节点数大于 EC 算法中规定的最少节点数就继续写入数据，等到 NameNode 调度数据块重建的时候再对其进行恢复。EC 方式在某个 DataNode 发生故障时的处理方式如下：

```
protected void setupPipelineInternal(DatanodeInfo[] nodes,
  StorageType[] nodeStorageTypes, String[] nodeStorageIDs)
    throws IOException {
      boolean success = false;
      while (!success && !streamerClosed() && dfsClient.clientRunning){
        ...
        // 在条带式 Pipeline 中，若有 DataNode 故障，则直接返回
        if (!handleBadDatanode()) {
          return;
        }
      ...
    } // while
}
```

- **数据恢复**

下面看看数据恢复的具体流程。BPOfferService 方法接收从 Active NameNode 发来的所有命令，在 processCommandFromActive 匹配到 DNA_ERASURE_CODING_RECONSTRUCTION 协议之后，调用 ErasureCodingWorker.processErasureCodingTasks 方法进行处理：

```
// BPOfferService.java
private boolean processCommandFromActive(DatanodeCommand cmd,
  BPServiceActor actor) throws IOException {
    switch(cmd.getAction()) {
    ...
      case DatanodeProtocol.DNA_ERASURE_CODING_RECONSTRUCTION:
        LOG.info("DatanodeCommand action: DNA_ERASURE_CODING_RECOVERY");
        Collection<BlockECReconstructionInfo> ecTasks =
          ((BlockECReconstructionCommand) cmd).getECTasks();
        // 调用 ErasureCodingWorker.processErasureCodingTasks 进行重建任务
        dn.getErasureCodingWorker().processErasureCodingTasks(ecTasks);
        break;
      default:
        LOG.warn("Unknown DatanodeCommand action: " + cmd.getAction());
    }
    return true;
}
```

ErasureCodingWorker 在初始化时会创建两个线程池，一个是用于重建任务的 striped-ReconstructionPool，另一个是用于读取数据的 stripedReadPool。主要是通过第一个线程池对重建任务进行限速，默认含 8 个线程。这里有个 bug，即 stripedReconstructionPool 是一个 ThreadPoolExecutor 对象，传入的队列是 LinkedBlockingQueue，corePoolSize 是 2，并且队列使用的是 LinkedBlockingQueue，所以工作线程只能有 2 个，应该将 corePoolSize 改为与 maxPoolSize 一样，此 bug 已向社区反馈（HDFS-14350）。具体代码如下：

```
private void initializeStripedBlkReconstructionThreadPool(int
numThreads) {
  LOG.debug("Using striped block reconstruction; pool threads={}",
    numThreads);
  // 常量 2 应该为 numThreads
  stripedReconstructionPool = DFSUtilClient.getThreadPoolExecutor(2,
    numThreads, 60, new LinkedBlockingQueue<>(),
      "StripedBlockReconstruction-", false);
  stripedReconstructionPool.allowCoreThreadTimeOut(true);
}
```

ECWorker 将重建任务解析为 StripedBlockReconstructor，将需要重建的任务放到重建线程池中。这个解析主要是用来初始化一些属性，例如 minRequiredSources（从源物理块所在的 DataNode 列表中读取最少物理块的数量）、stripedReader（与源物理块建立连接进行读取）和 stripedWriter（与目标物理块建立连接进行写相关的操作）。

StripedBlockReconstructor 实现了 Runnable 接口，其 run 方法为：

```
public void run() {
  try {
    initDecoderIfNecessary();
    // 与源物理块创建 reader，个数为 minRequiredSources
    getStripedReader().init();
    // 与目标物理块创建 writer
    stripedWriter.init();
    // 重建主要逻辑
    reconstruct();
    stripedWriter.endTargetBlocks();
    // 现在并不会接收到每个 packets 写入成功的返回值
  } catch (Throwable e) {
    LOG.warn("Failed to reconstruct striped block: {}", getBlockGroup(),
      e);
    getDatanode().getMetrics().incrECFailedReconstructionTasks();
  } finally {
    // 监控指标统计与一些清理工作
  }
}
```

重建的主要逻辑在 reconstruct 方法中，整个流程主要分为以下 3 步。

(1) 从源数据阶段读取重建所需的数据，与物理块建立的连接数保持为最少。

(2) 对读取的数据进行解码重建。

(3) 将重建后的数据传输到目标物理块所在的 DataNode。

下面看下具体的代码实现：

```java
void readMinimumSources(int reconstructLength) throws IOException {
  CorruptedBlocks corruptedBlocks = new CorruptedBlocks();
  try {
    // successList 为下次读操作时使用的 read 列表
    successList = doReadMinimumSources(reconstructLength,
      corruptedBlocks);
  } finally {
    // 向 NameNode 汇报损坏的块信息
    datanode.reportCorruptedBlocks(corruptedBlocks);
  }
}

int[] doReadMinimumSources(int reconstructLength,
  CorruptedBlocks corruptedBlocks)
    throws IOException {
  ...
  /*
   * 从源物理块所在的 DataNode 列表中读取最少个数的物理块组成 sourceList
   * 这个列表是最优的
   */
  for (int i = 0; i < minRequiredSources; i++) {
    // 并发地去读
    if (toRead > 0) {
      Callable<BlockReadStats> readCallable =
        reader.readFromBlock(toRead, corruptedBlocks);
      Future<BlockReadStats> f = readService.submit(readCallable);
      futures.put(f, successList[i]);
    } else {
      // 如果需要读取数据的长度为 0，则没有必要去发起读流程
    }
  }

  while (!futures.isEmpty()) {
    try {
      StripingChunkReadResult result =
        StripedBlockUtil.getNextCompletedStripedRead(
          readService, futures, stripedReadTimeoutInMills);
      int resultIndex = -1;
      if (result.state == StripingChunkReadResult.SUCCESSFUL) {
        resultIndex = result.index;
      } else if (result.state == StripingChunkReadResult.FAILED) {
        // 如果某个物理块读取失败，则不再使用它，
        // 会从源物理块列表中再调度一个新的物理块
        resultIndex = scheduleNewRead(usedFlag,
          reconstructLength, corruptedBlocks);
      } else if (result.state == StripingChunkReadResult.TIMEOUT) {
        // 如果发生超时，则重新调度一个新的 reader
        resultIndex = scheduleNewRead(usedFlag,
          reconstructLength, corruptedBlocks);
      }
      ...
```

```
    } catch (InterruptedException e) {
        ...
    }
}
return newSuccess;
}
```

用于读取数据的入口函数是 getStripedReader().readMinimumSources(toRecon-structLen)，它涉及的类是 StripedReader。此类中有个 list，存放着与物理块成功建立连接的 striped readers，用于具体的读操作，具体读逻辑就是复用的 BlockReader。readMinimumSources 方法又调用了 doReadMinimumSources 方法进行并发读操作，根据读的结果更新 successList，将其中读取失败或者读取速度慢的物理块替换掉。

因为数据通过条带式块布局连续地存储在 $n$ 个物理块上，所以可通过多线程并发地去读取一个条带中的内容，这也是条带式块布局的一个优点。又因为 EC 在数据恢复时不需要读取所有正常的数据，例如在 RS-6-3-1024k 策略下，有 6 个数据块，3 个校验块，可以容忍 3 个块丢失，如果只有一个数据块丢失，此时只需要读取 6 个正常的块就可以恢复那些丢失的数据块，所以从 readers 中只取 6 个 striped reader 即可，还有多余的物理块用于替补以保证 successList 中存放的是最合适的 striped reader，这个更新操作就是通过 scheduleNewRead 方法来完成的。替换原则是从 readers 中查找没有使用过的 striped reader，如果都使用过，则重新遍历一遍。之所以要再次遍历是因为有的节点可能当时由于网络或者其他原因造成读取超时，此时已经恢复。具体代码在此不再展开。

条带数据读取成功之后，如果有物理块丢失，要对其进行解码以恢复丢失的块，代码如下：

```
private void reconstructTargets(int toReconstructLen) throws
IOException {
  // 取出 readers 中的数据
  ByteBuffer[] inputs =
    getStripedReader().getInputBuffers(toReconstructLen);
  // 设置输出流
  int[] erasedIndices = stripedWriter.getRealTargetIndices();
  ByteBuffer[] outputs =
    stripedWriter.getRealTargetBuffers(toReconstructLen);
  ...
  // 调用对应策略的解码方法
  getDecoder().decode(inputs, erasedIndices, outputs);
  ...
}
```

细心的朋友会发现这里只有解码操作，如果丢失的是校验块，原始数据块都存在时并不需要解码，而是需要编码，但是细想下在上面读数据的过程中并没有明确标记读取的内容是数据块还是校验块，所以这里也无法判断。最重要是无论哪种 EC 策略，校验块的数量都小于数据块的数量，从概率上来讲数据块丢失的可能性更大，增加大量的代码来实现此功能有点得不偿失，所以这里无论恢复的是什么块都进行解码，得到原始数据之后，decode 方法还会调用 encode 方法对数据进行编码。

丢失的数据通过 decode 方法进行恢复，并且进行了编码，此时就是将恢复的数据传输给目标物理块所在的 DataNode，此部分功能在 StripedWriter 方法中完成。StripedBlockReconstructor.reconstruct 方法通过 stripedWriter.transferData2Targets() == 0 条件判断数据传输是否成功，transferData2Targets 方法的代码如下：

```
int transferData2Targets() {
  int nSuccess = 0;
  for (int i = 0; i < targets.length; i++) {
    if (targetsStatus[i]) {
      boolean success = false;
      try {
        writers[i].transferData2Target(packetBuf);
        nSuccess++;
        success = true;
      } catch (IOException e) {
        LOG.warn(e.getMessage());
      }
      targetsStatus[i] = success;
    }
  }
  return nSuccess;
}
```

此方法返回了传输成功的数据个数，而在 reconstruct 方法中只是判断了传输成功的数据个数是否大于 0，可见这里只要有传输成功就认为此次恢复流程有效，可继续恢复剩余数据，至于传输失败的节点则通过 targetsStatus 来标记，以后不会再发送任何数据。这样设计的好处是尽可能地避免浪费计算资源，能恢复一个数据块就恢复一个，剩下未恢复的在下次重建任务中再进行恢复。具体的恢复流程如图 2-16 所示。

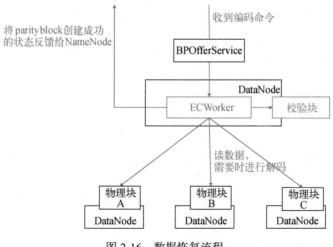

图 2-16   数据恢复流程

### 2.5.4 对比 HDFS EC 策略与三副本策略

与三副本策略相比，EC 策略不仅可以释放更多的存储空间，还可以缓解 NameNode 的内存压力，那么是不是就意味着可以将目前的三副本策略全部替换为 EC 策略，从而节省资源呢？并不是，因为这些优点肯定是牺牲某些东西或者是在特定的场景下才能发挥。本节将简单地从几个方面对比两者的优缺点并介绍 EC 策略适合的场景。

首先，EC 策略虽然会释放一些存储空间，但这些节省的存储空间是由计算资源转化而来的。目前 HDFS 普遍作为大数据的底层存储，其上层势必会架构一些 Spark 或者 HBase 之类的需要消耗计算资源的框架，那么 EC 在数据写入和数据恢复时需要大量额外的计算，这必定会对上层应用产生资源竞争。如果存在大量数据写入或者数据恢复，还可能会导致上层应用抖动。这些无疑提高了 EC 策略的使用门槛，对资源隔离和资源调度都有着更高的要求。

其次，EC 的底层存储格式是基于 BlockGroup 的条带式块布局。在这种布局下，文件由逻辑块组成，而一个逻辑块对应 $k+m$ 个物理块，其中 $k$ 是数据块个数，$m$ 是校验块或副本块个数。每个物理块的大小在 HDFS 中是可配置的，可以为 128MB 或者 256MB，这样每个 BlockGroup 的大小就是每个物理块的大小 $\times (k+m)$。映射关系如图 2-17 所示。

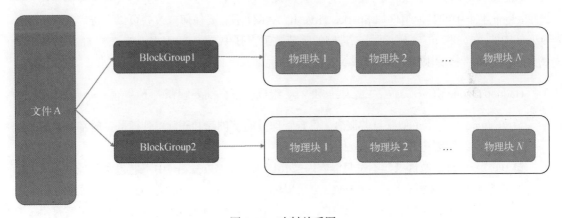

图 2-17 映射关系图

当文件 A 较小时，在三副本模式下，只能占用 1 个物理块，算上副本一共占用 3 个物理块。但是在 EC 的条带式块布局下，文件 A 对应一个 BlockGroup，它里面会有 $n$ 个物理块，这明显增加了集群的物理块数量，会给 DataNode 和 NameNode 带来额外负载，也限制了 EC 的使用场景。

最后，上文提到 EC 使用条带式块布局，将连续的数据水平切分，分布在一个 BlockGroup 中，导致数据丧失了块内的连续性，这也就丧失了 Hadoop 能够进行本地性计算的一大特性，增加了网络带宽。

虽然 EC 在使用时有些局限性，但社区在不断地努力和优化，并提供一些折中方案，比如：

❑ 利用 ISA-L 提升编码和解码能力。ISA-L 是英特尔开源的，是为存储应用设计的，主要用
  于优化低级函数，并且目前已支持大多数主流操作系统；
❑ EC 在随后的开发中也会支持连续性块布局，用于更好地支持数据本地性计算。

EC 作为 Hadoop 的一个新特性还是值得期待的，目前它的大多数应用场景还是冷数据，因为
Hadoop 生态已发展了 10 年之久，其上存储着大量的数据，其中包括大量的历史数据，这些数据
的访问频率很低，却占用着大量的存储资源。现在都是对历史数据进行压缩，可是压缩之后的格
式有的不再支持切分导致压缩时需要事先评估文件的大小，如果使用 EC 对历史数据进行编码，
不仅可以释放存储空间，还可以在数据不损坏的情况下不用对其解码就能直接读取数据并支持切
分，而且不会影响 MapReduce 或者 Spark 对其进行处理时的性能。此外，如果使用一些性能较好
的 CPU 或者一些优化插件，EC 存储也能表现出不错的性能。

## 2.6    下一代对象存储系统 Ozone

Ozone 是专门为 Hadoop 设计的，是与 AWS 的 S3 类似的可扩展的分布式对象存储系统，因
此 Hadoop 生态中的其他组件如 Spark、Hive 和 YARN 不需要任何修改就可以直接运行在其上。
Ozone 中的 key 和 object 都是二进制的字节数组，其中 key 的大小不能超过 1KB；object
的大小没有太严格的限制，KB 级或 MB 级都可以。

Hadoop Ozone 由 volume、bucket 和 key 组成，下面简要解释一下。

❑ volume 是一个类似账号的概念，只有管理员能够创建和删除。管理员一般都是给某个团
  队或者组织创建一个 volume。
❑ bucket 有点像目录，不过只能有一层，因为一个 bucket 中不能包含其他 bucket。
  bucket 在 volume 下，一个 volume 可以包含 $n$ 个 bucket，但是 bucket 下面只能是 key。
❑ key 是具体的对象，每个 key 在 bucket 中都是唯一的，其名字可以是任意字符串，其
  值是需要存储的数据，也就是具体的文件。目前 Ozone 对 key 的大小没有限制，一个
  bucket 可以包含 $n$ 个 key。

### 2.6.1    Ozone 初体验

Ozone 虽然是专门为 Hadoop 设计的，但也是相对独立的，可以单独部署，具体方式可以参
照官方文档，这里只体验一下它与 HDFS 的结合使用。Ozone 与 HDFS 的结合需要基于 Hadoop 3.0，
所以需要先部署 Hadoop 3.0。Hadoop 3.0 的具体部署细节将在第 5 章中介绍，这里只介绍 Ozone

的部署及使用。

从官方下载 Hadoop 3.0 和 Ozone 的安装包（由于官方编译的 Hadoop 3.0 中并没有 Ozone 相关的内容，所以需要单独下载 Ozone 的安装包），将 Ozone 的相关内容复制到 Hadoop 的 home 目录。命令如下：

```
# 在 Ozone 的 home 目录下执行
cp libexec/ozone-config.sh /${HADOOP_HOME}/libexec
cp -r share/ozone /${HADOOP_HOME}/share
cp -r share/hadoop/ozoneplugin /${HADOOP_HOME}/share/hadoop/
```

利用 Ozone 的命令生成 conf 文件，执行 `ozone genconf etc/hadoop`，此命令会生成 ozone-site.xml 文件，修改此文件中的配置之后，将其复制到 Hadoop 3.0 的 conf 目录中：

```xml
<?xml version="1.0" encoding="UTF-8" standalone="yes"?>
<configuration>
  <property>
    <name>ozone.enabled</name>
    <value>true</value>
    <tag>OZONE, REQUIRED</tag>
    <description>
    Ozone 对象存储服务的状态，true 代表开启 Ozone 服务，false 代表关闭
    在默认情况下，Ozone 在 Hadoop 集群中是不可用的
    是 Ozone 服务必须的配置。
    </description>
  </property>
  <property>
    <name>ozone.om.address</name>
    <value>localhost</value>
    <tag>OM, REQUIRED</tag>
    <description>
    om 服务所在机器地址，默认端口是 9874
    是 om 服务必须的配置
    </description>
  </property>
  <property>
    <name>ozone.metadata.dirs</name>
    <value>/opt/data/ozone</value>
    <tag>OZONE, OM, SCM, CONTAINER, REQUIRED, STORAGE</tag>
    <description>
    Ozone 中的元数据存放的目录。元数据对 IO 比较敏感，建议 om 和 scm 最好为
    SSD 盘
    如果 Ratis 的元数据目录没有指定，Ratis 服务也会使用此目录来存放元数据
    </description>
  </property>
  <property>
    <name>ozone.scm.client.address</name>
    <value>localhost</value>
    <tag>OZONE, SCM, REQUIRED</tag>
    <description>
    scm 客户端服务所在机器地址，是一个必须的配置，默认端口是 9860
```

```
      </description>
    </property>
    <property>
      <name>ozone.scm.names</name>
      <value>localhost</value>
      <tag>OZONE, REQUIRED</tag>
      <description>
        此配置主要是为了让 DataNode 发现 scm 服务, 以便向 scm 发送心跳
      </description>
    </property>
    <property>
      <name>ozone.replication</name>
      <value>1</value>
    </property>

</configuration>
```

需要将 Ozone 相关的 jar 引入到 classpath 中，在用户 home 目录下增加.hadooprc 文件，并添加如下内容：

```
vim ~/.hadooprc
HADOOP_CLASSPATH=/${HADOOP_HOME}/share/hadoop/yarn/*.jar:/${HADOOP_HOME}/share/had
oop/tools/*.jar:/${HADOOP_HOME}/share/hadoop/ozoneplugin/*.jar:/${HADOOP_HOME}/sha
re/hadoop/ozone/*.jar:/${HADOOP_HOME}/share/hadoop/mapreduce/*.jar:/${HADOOP_HOME}
/share/hadoop/hdfs/*.jar:/${HADOOP_HOME}/share/hadoop/common/*.jar:/${HADOOP_HOME}
/share/hadoop/client/*.jar:/${HADOOP_HOME}/share/hadoop/yarn/lib/*.jar:/${HADOOP_H
OME}/share/hadoop/tools/lib/*.jar:/${HADOOP_HOME}/share/hadoop/ozoneplugin/lib/*.j
ar:/${HADOOP_HOME}/share/hadoop/ozone/lib/*.jar:/${HADOOP_HOME}/share/hadoop/mapre
duce/lib/*.jar:/${HADOOP_HOME}/share/hadoop/hdfs/lib/*.jar:/${HADOOP_HOME}/share/h
adoop/common/lib/*.jar:/${HADOOP_HOME}/share/hadoop/client/lib/*.jar
```

如果要将 Ozone 运行在 HDFS 之上，需要在 hdfs-site.xml 文件中添加如下内容：

```
<property>
  <name>dfs.datanode.plugins</name>
  <value>org.apache.hadoop.ozone.HddsDatanodeService</value>
</property>
```

此时就可以启动相关的服务了，首先启动 NameNode 和 DataNode，命令分别为 `hdfs --daemon start namenode` 和 `hdfs --daemon start datanode`；其次启动 scm 和 om，要先启动 scm 再启动 om，而且在第一次启动的时候要先初始化，命令如下：

```
ozone scm --init
ozone --daemon start scm
ozone om --init
ozone --daemon start om
```

一切正常之后就可以在 om 的 UI 上查看信息了，om 的默认端口是 9874。

部署成功之后，运行一些命令来感受下 Ozone。下方代码创建了一个 `volume` 并且查看了其内容。

```
# 创建volume
ozone sh volume create --user=work /hive-ozone
# 查看
ozone sh volume list --user work
SLF4J: Class path contains multiple SLF4J bindings.
SLF4J: Actual binding is of type [org.slf4j.impl.Log4jLoggerFactory]
2019-01-29 15:33:52,786 WARN util.NativeCodeLoader: Unable to load native-hadoop
library for your platform... using builtin-java classes where applicable
[ {
  "owner" : {
    "name" : "work"
  },
  "quota" : {
    "unit" : "TB",
    "size" : 1048576
  },
  "volumeName" : "hive-ozone",
  "createdOn" : "星期二, 29 一月 2019 07:32:27 GMT",
  "createdBy" : "work"
} ]
```

再来创建一个 bucket，执行命令 ozone sh bucket create/hive-ozone/bucket-test 即可。创建完 volume 和 bucket，就可以上传文件了，也就是创建一个 key，Ozone 命令为 ozone sh key put /hive-ozone/bucket-test/hadoop.log logs/hadoop.log，也可以像 hdfs shell 那样上传 key，命令为 ozone fs -put logs/hadoop.log o3fs://bucket-test.hive-ozone/t.log。

## 2.6.2 Ozone 架构

由于 Ozone 是由一组对大规模 Hadoop 集群有着丰富运维和管理经验的工程师设计开发的，因此 HDFS 在实践中的优缺点深刻影响着 Ozone 的设计和优化。在上一节的部署环节，启动了两个服务，分别为 scm 和 om。scm（Storage Container Manager）类似于 HDFS 中的 BlockManager，用来管理 container（与 YARN 中的调度单元 container 不一样）和 DataNode 的生命周期。om（Ozone Manager）负责命名空间的操作，存储 Ozone 对象与 container 的映射。Ozone 的命名空间不同于 HDFS，在 Ozone 中每个 volume 是一个命名空间的根节点，所以整个 Ozone 的命名空间是一个 volume 的集合或者一个由类似 HDFS 那样的树节点组成的森林。整个文件系统的逻辑视图如图 2-18 所示（其中 V 代表 volume，B 代表 bucket，C 代表 container）。

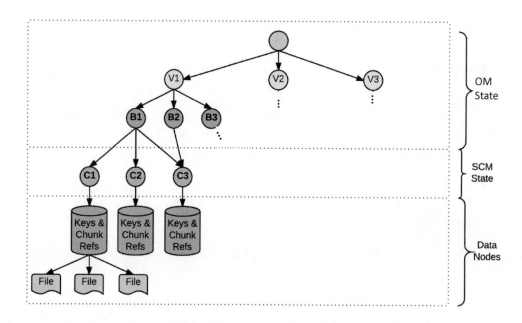

图 2-18    文件系统逻辑视图

scm 是一个中心化的服务，存储集群中所有的 container 信息，这些信息是通过 DataNode 的周期性心跳将本节点上 container 副本的状态信息汇报上来的。scm 可以从 DataNode 上报的信息中得知哪些 container 即将写满，哪些 container 的副本数有问题，从而保证集群中 container 的健康。此处的 container 与 YANR 中的调度单元 container 不同，Ozone 中的 container 是用来存储数据的，是数据进行备份的副本单元，副本之间数据的一致性是通过 Raft 协议的 Ratis 实现的。container 中存储着元数据和物理数据，物理数据是由数据块组成的 key-value 对集合，key 是数据块的名字，value 就是具体的数据。

om 在内存中维护了一个全局的 key-value 命名空间，记录 key 与 container 的映射关系。voluem 和 bucket 的信息存储在 om 中，Ozone 客户端发出写请求时，om 接收该请求，并向 scm 发送一个请求，以请求一个包含特定属性的 pipeline 实例。例如客户端要求 Ratis 存储策略并且副本数是 3，则 om 请求 scm 返回一个满足此特性的 DataNode 集合。如果 scm 能够实例化这样一个 pipeline（也就是一个 DataNode 集合），则将这些 DataNode 返回给 om。om 则存储这些信息并将此信息包装成一个元组{BlockID, ContainerName, Pipeline}。这里有点类似于 HDFS 的写流程，如果 scm 并没有找到一组 DataNode 集合来满足客户端的要求，则 scm 创建一个逻辑管道，然后返回此管道。客户端直接将数据写入 pipeline 中，如果在写入过程中某个节点写入失败，Ozone 并不会向 HDFS 那样重构这个 pipeline，而是直接返回失败。如果写入成功，提交数据块，此数据块就会对 container 可见。

通过上面的介绍，可知 Ozone 由 om、scm 和 DataNode 组成。DataNode 用来存储数据，通过不同的 `block pool` 来隔离数据，每个命名空间都有自己的 `block pool`。数据通过 container 存储，container 的冗余存储通过 Apache Ratis 实现，Ratis 是分布式一致性协议 Raft 的开源版本。为了简化逻辑，container 在写入过程只有两种状态：Open 和 Close。Open 状态时可以写入数据，Close 代表完成写入，并且数据不会再发生改变。Ozone 架构如图 2-19 所示。

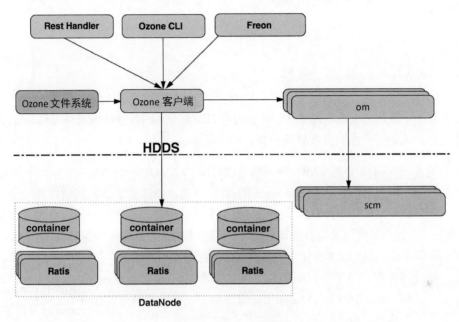

图 2-19　Ozone 架构图

在图 2-19 所示的架构图中，比较陌生的是 HDDS（Hadoop Distributed Data Store），这是一个通用的分布式存储层，只用来存储数据而不提供命名空间，由 container、Ratis 和 scm 组成。

## 2.7　小结

本章主要介绍了 HDFS 的各种常用功能，分析了 Hadoop 3.0 中特有的功能，使读者能够初步了解 HDFS EC 的原理及其如何使用，对基于 Hadoop 的对象存储系统 Ozone 进行了介绍，并通过实际体验了解了 Ozone 具体的架构。

# 第 3 章

# YARN

YARN 是一个通用的资源管理平台，凭借着与 HDFS 天然的兼容性以及高容错、高性能、高扩展性的特点，大有一统大数据领域的趋势。本章将详细介绍 YARN 的一些新特性和常用功能。

本章包含 6 节，3.1 节介绍 YARN 的一些基础知识，对 YARN 比较熟悉的读者可以略过；3.2 节介绍生产中经常使用的 ResourceManager 的 HA 功能，使读者了解其机制以及与 HDFS 中 NameNode 的 HA 功能的异同；3.3 节介绍为解决大规模集群调度性能瓶颈而引入的 YARN 的 Federation 模式，包括其设计架构以及核心模块；3.4 节和 3.5 节介绍 YARN 作为资源管理平台的核心模块——调度器，其中 3.4 节介绍中央调度器的两个常用调度器以及为了满足更多调度需求而进行的一些功能补充，3.5 节介绍新引入的分布式调度器，并以 opportunistic container 为例介绍了具体的调度流程；3.6 节介绍了 Shared Cache 功能，使本地资源可以在应用之间共享，主要用来节省带宽，缩短应用的启动时间。

## 3.1　YARN 简介

YARN 是一个通用的资源管理平台，是 Hadoop 的一个核心项目，能够管理分布式应用以及合理地调度集群资源，可以在保证应用正常运行的前提下，尽可能提高资源利用率。另外，YARN 还可以为其他应用提供服务，例如 Spark 和 HBase。通俗地讲，YARN 类似于一个操作系统。与普通操作系统不同的是，YARN 是一个部署在数千节点上的分布式操作系统，它管理的硬件资源分布在各个节点上，而 MapReduce、Spark 和 HBase 就相当于操作系统上的应用，所以说 YARN 让 Hadoop 更加通用，并且奠定了 Hadoop 在大数据领域不可动摇的地位。

YARN 采用的整体架构也是主/从结构，如图 3-1 所示。其中，主节点为 ResourceManager（RM），主要负责调度整个集群的资源，以及管理运行在 YARN 上的分布式应用，集群总资源是各个从节点通过心跳进行汇报的。从节点为 NodeManager（NM），这也是集群中的计算节点，主要负责管理每个 container 的生命周期、监控 container 使用的资源、跟踪节点的健康状态与资源使用情况、执行分配给它的任务以及与 ResourceManager 保持同步。

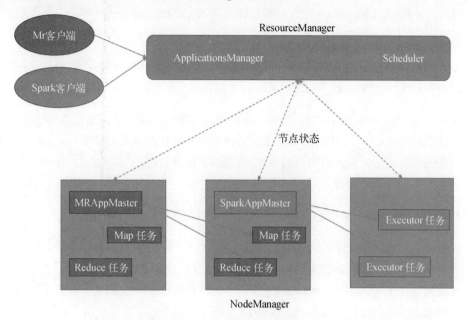

图 3-1 YARN 的整体架构

ResourceManager 的内部架构如图 3-2 所示。

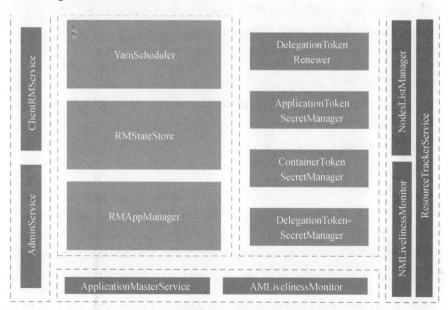

图 3-2 ResourceManager 的内部架构

它大致可划分为 5 部分，有专门与客户端交互的模块、ResourceManager 的核心模块、负责安全的模块、与 ApplicationMaster 交互的模块以及与 NodeManager 交互的模块，下面简要解释一下这些模块。

❑ **专门与客户端交互的模块**。ResourceManager 向客户端提供一些方法以便与其进行交互，这些方法主要包含在 `ClientRMService` 和 `AdminService` 中。

■ 在 `ClientRMService` 中，主要是一些与应用请求和集群监控指标相关的 API。

■ 在 `AdminService` 中，将普通用户的请求与集群管理相关的请求分开，给后者更高的优先级，避免大量普通用户的 RPC 请求阻塞集群管理相关的请求，有助于集群管理员对集群进行高效管理。

❑ **ResourceManager 的核心模块**。主要分为资源调度和应用管理。

■ 资源调度主要由 YarnScheduler 来实现，它负责资源分配和回收。具体的调度策略是一个插件式服务，有多种实现。

■ 应用管理主要由 RMAppManager 负责，它维护着一份提交到集群的应用列表，存储着列表上应用的运行信息并通过 Web 或者命令行的形式响应用户请求。ResourceManager 支持 HA 功能，在进行主备切换时，集群上任务运行的状态需要同步，这是由 `RMStateStore` 服务实现的。`RMStateStore` 目前有 5 种实现方式，分别为 `FileSystemRMStateStore`、`ZKRMStateStore`、`LeveldbRMStateStore`、`Memory-RMStateStore` 和 `NullRMStateStore`，其中 `ZKRMStateStore` 使用比较广泛，它使用 ZooKeeper 来存储应用的状态信息。

❑ **负责安全的模块**。ResourceManager 有相应的安全模块，主要负责管理令牌和各种 RPC 接口上认证、授权请求的私钥。ResourceManager 也支持 Kerberos 认证。安全模块主要由一套 SecretManager 模块和 DelegationTokenRenewer 模块负责。

❑ **与 ApplicationMaster 交互的模块**。YARN 为各类应用提供资源管理和调度服务，那么各类应用如何向 YARN 申请资源，以及如何管理自身的子任务呢？鉴于此，YARN 提供了一个公共模块 ApplicationMaster，并将其作为应用的管理中心。各种运行在 YARN 上的应用都要实现 ApplicationMaster 的一些公共接口，以此来向 ResourceManager 申请资源，并且管理自身的子任务。具体的子任务由 ApplicationMaster 分发到 NodeManager 上执行。以 MapReduce 为例，它的 ApplicationMaster 为 MRAppMaster。另外，ResourceManager 通过 ApplicationMasterService 和 AMLivelinessMonitor 对 ApplicationMaster 进行管理。

■ ApplicationMasterService 用来响应 ApplicationMaster 的 RPC 请求，管理 ApplicationMaster 的生命周期，将资源请求转交给 YarnScheduler。

■ AMLivelinessMonitor 根据每个 ApplicationMaster 的心跳跟踪其是否存活，然后将心跳超时的 ApplicationMaster 标记为死亡，并销毁其使用的 container。

❏ 与 NodeManager 交互的模块。ResourceManager 除了管理整个集群的资源外，还要管理各个 NodeManager，所以需要与它们进行交互，跟踪每个 NodeManager 的健康状态以及最新的资源使用情况。与 NodeManager 交互的模块包括 ResourceTrackerService、NMLivelinessMonitor 和 NodesListManager。其中 ResourceTrackerService 会响应来自 NodeManager 的 RPC 请求，包括新节点的注册和正常的心跳；NMLivelinessMonitor 与 AMLivelinessMonitor 类似，用于监测 NodeManager 服务的健康状态；NodesListManager 用于隔离合法和非法节点。

NodeManager 的内部架构如图 3-3 所示，它负责运行和管理 container，监控 container 利用的资源并与 ResourceManager 保持信息同步。在 NodeManager 中，与 ResourceManager 密切相关的是 NodeStatusUpdater 和 NodeHealthCheckerService。在 NodeManager 启动时，NodeStatusUpdater 会向 ResourceManager 注册并发送可利用的资源，随后更新 container 的状态。NodeHealthCheckerService 与 NodeStatusUpdater 较为紧密，会将 NodeManager 的健康状态先通知给它，然后再汇报给 ResourceManager。

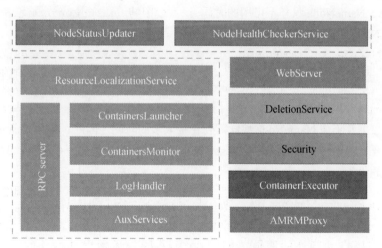

图 3-3　NodeManager 的内部架构

NodeManager 的核心模块是 container 的管理模块，具体由 RPC server、ResourceLocalization-Service、ContainersLauncher、ContainersMonitor、LogHandler 和 AuxServices 组成。其中，RPC server 负责处理 ApplicationMaster 和 ResourceManager 与自己之间的 RPC 请求；ResourceLocalization-Service 主要负责安全下载 container 运行时所需要的资源；ContainersLauncher 维护一个线程池，通过接收 ResourceManager 或者 ApplicationMaster 的请求来启动或者销毁一个 container；

ContainersMonitor 负责监控正在运行的 container 所占用的资源，如果占用的资源超出其申请的资源，该 container 会被杀掉；LogHandler 用于管理 container 的运行日志并进行定期清理。AuxServices 为 NodeManager 提供了一种通过附属服务扩展自己功能的服务，例如 MapReduce 或者 Spark 在 YARN 上运行所需要的 ShuffleHandler。

在 Hadoop 3.0 中，YARN 新增了 Federation 模式。为了实现跨集群的资源调度，在 NodeManager 中新增了 AMRMProxy 模块，它会拦截 ApplicationMaster 的请求，并根据需求向不同集群的 ResourceManager 转发所拦截的请求。

## 3.2　解析 ResourceManager 的 HA 功能

在 2.3 节中，我们介绍了 NameNode 的 HA 方案，掌握了如何设计一个 HA 方案，以及设计过程中应该注意的问题。本节将介绍 ResourceManager 的 HA 方案，巩固 2.3 节中的关键点，并找出两者之间的区别。

这里依然从数据共享和如何选取主节点这两个方面来展开分析。先回顾一下 NameNode HA 的流程。NameNode HA 会将部分数据存储在一个分布式文件系统中，以供其他 NameNode 实时读取。当 Active NameNode 服务不可用的时候，ZKFC 中的 healthMonitor 会检测到服务不正常，从而触发 NameNode 的主备切换。

NameNode 的 HA 可以说是教科书式的模板，而 ResourceManager 的 HA 则是根据自身特点进行改良后的版本。前面已经知道，ResourceManager 主要负责管理集群资源以及调度应用。由于 ResourceManager 中维护的数据都是实时变化的而且各个时段的数据并没有太多交集，最重要的是重构这些数据并不像 NameNode 那样需要花费太多的时间。因此，各个 ResourceManager 之间的数据不需要实时同步，而 Standby ResourceManager 平时会停止一些服务，只有在状态转换时才启动相关的服务。

如果部署过 ResourceManager HA，应该就会清楚在部署过程中只需要指定 ZooKeeper 的地址，然后在 ResourceManager 服务器上直接启动 ResourceManager 服务本身就可以了，这和 NameNode 还需要启动额外的服务（如 ZKFC）不同。无须启动额外的服务，并不是说 ResourceManager HA 就不需要相关功能，它只是根据自身特点将这些功能进行了裁剪，将相关功能嵌入到了 ResourceManager 的自身服务中而已。ResourceManager 的 HA 架构比较简单，如图 3-4 所示。

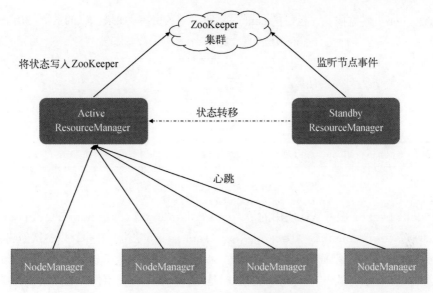

图 3-4　ResourceManager 的 HA 架构图

ResourceManager 的 HA 架构虽然简单，但是功能很完备，重点介绍下故障转移和数据共享，有助于理解 ResourceManager 的 HA 功能。

## 3.2.1　故障转移

要实现故障转移，需要两步走：首先发现故障，其次确定新节点来提供服务。NameNode 将这两步独立成了一个 ZKFC 服务，通过 `HealthMonitor` 进程发现故障，通过其余节点选举确定新的节点。而 ResourceManager 没有将其独立出来，因为它本身不是一个内存密集型的服务，根本不用担心由于自身内存卡顿而发生故障延迟，最重要的是各个 ResourceManager 之间不用实时同步数据，而且 YARN 上运行的应用在秒级别也不会有明显的状态变化。于是 ResourceManager 不但没有独立出单独的服务，甚至还把专门用来发现故障的功能直接给省掉了。

ResourceManager 通过与 ZooKeeper 之间的心跳来确认服务的健康状态，这点相当于发现故障，后续的主节点选举流程和 NameNode 的流程类似，都是通过 `ActiveStandbyElector` 实现的。

ResourceManager 在初始化时会创建一个 `EmbeddedElector` 服务，这是一个内嵌的选举服务，有两种具体的实现：一种基于由 Apache Curator 框架提供的 Leader Latch 策略，具体实现是 `CuratorBasedElectorService`；另一种是利用 ZooKeeper 临时节点实现的一种竞争机制，具体实现是 `ActiveStandbyElectorBasedElectorService`。`EmbeddedElector` 类的结构如图 3-5 所示。

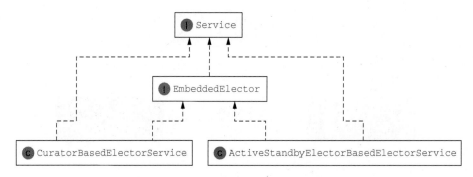

图 3-5　EmbeddedElector 类的结构图

　　EmbeddedElector 服务默认使用的是 ActiveStandbyElectorBasedElectorService，在启动时会通过 ActiveStandbyElector.joinElection 方法进行竞争，以尝试创建临时节点，没有竞争成功的服务会在该临时节点上注册一个 watcher 服务来监听该节点的状态，watcher 服务会对捕获到的事件进行处理。节点消失对应的是 NodeDeleted 事件，所以当发现临时节点消失，即捕获到的事件为 NodeDeleted 时，会触发各个 ResourceManager 再次竞争。代码片段如下：

```
synchronized void processWatchEvent(ZooKeeper zk, WatchedEvent event) {
  Event.EventType eventType = event.getType();
  ...
  String path = event.getPath();
  if (path != null) {
    switch (eventType) {
    // 节点被删除，捕获到 NodeDeleted 事件
    case NodeDeleted:
      if (state == State.ACTIVE) {
        enterNeutralMode();
      }
      // 通过竞争创建临时节点
      joinElectionInternal();
      break;
    // 节点存储的内容发生了变化，捕获到 NodeDataChanged 事件
    // 表示其他服务已竞争成功
    case NodeDataChanged:
      monitorActiveStatus();
      break;
    default:
      ...
    }
    return;
  }
  ...
}
```

　　竞争结果在 ActiveStandbyElector.processResult 方法中进行处理，成功创建临时节点的 ResourceManager 将状态转换为 Active。这里的转换流程与 NameNode 的状态转换有所不同，

NameNode 在转换时需要先判断是否需要隔离，如果需要，则会调用具体的 `fence` 方法将原 Active NameNode 变为 Standby NameNode；而在 ResourceManager 的状态转换中，并没有具体的隔离操作，它会直接将竞争成功的 ResourceManager 变为 Active ResourceManager。ResourceManager 中的 `fence` 方法并没有具体的实现，因为这种内嵌到服务中的选举不支持隔离操作。相关代码如下：

```
public void fenceOldActive(byte[] oldActiveData) {
  if (LOG.isDebugEnabled()) {
    LOG.debug("Request to fence old active being ignored, " +
      "as embedded leader election doesn't support fencing");
  }
}
```

## 3.2.2 数据恢复

`EmbeddedElector` 服务完成 ResourceManager 的状态转换后，原 Active ResourceManager 中的数据并没有同步给新的 Active ResourceManager，这些数据包括集群节点的信息、应用的调度情况以及资源的使用情况。Standby ResourceManager 刚转换为 Active ResourceManager 时，相当于一个刚启动的 Active ResourceManager，对集群信息一无所知，这时各个 NodeManager 会向它注册，这样它就收集到了集群节点的信息以及资源的使用情况。

NodeManager 在向新的 Active ResourceManager 汇报自身节点信息的同时，也会把当前节点上未运行结束的应用信息一起汇报给它，但是此时的 Active ResourceManager 中并没有这些应用的相关信息，所以会认为这些信息是非法的，并命令 NodeManager 将它们杀掉。至此，新提交的应用虽然可以被正常调度执行，但是在发生故障进行主备切换时，未运行结束的那部分应用会被新晋升的 Active ResourceManager 杀掉，此时只能让用户再次提交应用并重新运行，来保证运行成功。

上述内容暴露了一个问题，ResourceManager 虽然能够自动进行故障转移，使集群管理员对此过程无感知，但是在故障转移时还未运行结束的那些应用却无法恢复，无法做到对终端用户无感知。究其原因，是 Active ResourceManager 没有和 Standby ResourceManager 共享与应用相关的数据，这使得发生故障时的集群运行状态丢失了。接下来要解决的问题就是如何将这部分数据共享给 Standby ResourceManager。先分析一下这些数据的特点，首先它们不大，而且不会经常更新，因此没有必要像 NameNode 那样实时同步状态，只要在发生状态转换时 Standby ResourceManager 能读到这些数据，就可以恢复发生故障时未运行结束的应用了。

于是，ResourceManager 提供了一个 `RMStateStore` 服务，用来保存应用的元数据信息和运行结果信息，例如运行成功、运行失败、应用被杀掉以及一些简短的诊断信息。如果是在安全模式下，还会保存一些安全认证信息。前面这些信息支持多种持久化的存储方式，包括文件系统（HDFS 或本地文件系统）、LevelDb 和 ZooKeeper，其中默认使用的是文件系统，使用较多的是 ZooKeeper。使用 ZooKeeper 方式时，我们通过设置 yarn.resourcemanager.store.class 的值为 org.apache.hadoop.yarn.server.resourcemanager.recovery.ZKRMStateStore 来指定持久化的存储方式。ZooKeeper 方式之所以使用较多，个人认为原因有两点，一是 ResourceManager 和 NameNode 的 HA 都用了 ZooKeeper，那么这里再使用 ZooKeeper 时，就不需要引入额外的组件了；二是 ZooKeeper 是以上三种存储方式中唯一一个支持隔离功能的，此功能可以阻止多个 ResourceManager 对其内容进行修改。隔离功能是通过 ZooKeeper 的 ACL 来实现的，它可将 Active ResourceManager 的信息写入 ZooKeeper 节点中，代码如下：

```
protected List<ACL> constructZkRootNodeACL(Configuration conf,
  List<ACL> sourceACLs) throws NoSuchAlgorithmException {
  List<ACL> zkRootNodeAclList = new ArrayList<>();

  for (ACL acl : sourceACLs) {
    zkRootNodeAclList.add(new ACL(
      ZKUtil.removeSpecificPerms(acl.getPerms(), CREATE_DELETE_PERMS),
      acl.getId()));
  }
  // 得到 Active ResourceManager 的信息
  zkRootNodeUsername = HAUtil.getConfValueForRMInstance(
    YarnConfiguration.RM_ADDRESS,
    YarnConfiguration.DEFAULT_RM_ADDRESS, conf);
  // 生成 Active ResourceManager 的摘要信息
  Id rmId = new Id(zkRootNodeAuthScheme,
    DigestAuthenticationProvider.generateDigest(zkRootNodeUsername +
    ":"
    + resourceManager.getZkRootNodePassword()));
  zkRootNodeAclList.add(new ACL(CREATE_DELETE_PERMS, rmId));

  return zkRootNodeAclList;
}
```

通过 getAcl 命令，可以查看 ZooKeeper 节点的内容：

```
getAcl /cluster/rmstore/ZKRMStateRoot'world,'anyone
: rwa'digest,'active_hostname:1nq1asilRHVDFzlu6eh24k7aWzA=: cd
```

数据恢复功能默认是关闭的，要想开启它，需设置 yarn.resourcemanager.recovery. enabled 为 true。开启后，当 ResourceManager 进行故障转移或者重启时，应用所需的信息（包括元数据信息和安全认证信息）就都可以从 ZooKeeper 中读取，然后自动重新提交没有运行结束的应用，从而屏蔽 ResourceManager 状态切换对终端用户产生的影响。需要注意的是，当应用运行失败或者被人为杀掉时，是不会被重新提交的，因为这些应用虽然没有运行成功，但是已经运行结束了。

虽然经过上述过程，未执行完毕的应用会被自动重新提交，但是依然不够完美，因为这些应用需要重新执行，之前产生的中间数据已经无法使用，从而浪费了计算资源。因此，一个新的功能诞生了，当 ResourceManager 发生故障转移或者重启，NodeManager 向新 Active ResourceManager 同步自己的 container 信息时，Active ResourceManager 并不会命令 NodeManager 将其上的 container 杀掉，而是让它继续管理 container 并向自己发送 container 的状态，ResourceManager 会通过这些信息重新构建先前集群运行的整个状态，包括中心调度的状态，这样故障转移或者重启时未完成的应用就可以继续执行，而无须重新提交。

## 3.3　YARN Federation

虽然 YARN 的扩展性比 HDFS 好，但是并不意味着能够无限扩展，其扩展性受 ResourceManager 的调度性能和 NodeManager 个数的限制。随着集群规模的扩大，YARN 上运行的应用和 container 的数量会成比例增加，各服务之间的心跳也会激增，这些都严重制约着 ResourceManager 的响应能力，所以开源社区提出了 YARN 的 Federation 方案。

YARN Federation 将一个超大规模集群（上万台机器）切分为多个子集群，虽然这些子集群在物理上相互独立、互不影响，但在逻辑上是一个整体，向外提供的是一个规模超大的集群。这样一来，任何一个可以运行在 YARN 上的应用在被提交到 Federation 集群后，如果某个子集群的资源不够，就可以跨子集群进行资源调度，但是应用并不会感知到子集群的存在。YARN Federation 是一种可扩展的模式，并且被认为是可以线性扩展的。因为子集群中的 ResourceManager 只会管理一定数量的节点，并且可以通过适当的路由和调度策略使 ResourceManager 只负责一定数量的应用，所以当集群遇到瓶颈时，只需要增加子集群就可以，并不会给整个 Federation 集群增加太多压力。

### 3.3.1　架构

用户不会感知到在 YARN Federation 模式下提交应用与在普通 YARN 集群中提交应用的不同，并且应用还可以在当前子集群资源不足的情况下，进行跨子集群资源调度。YARN Federation 的逻辑架构如图 3-6 所示（图中 RM 为 ResourceManager，NM 为 NodeManager，AM 为 ApplicationMaster）。

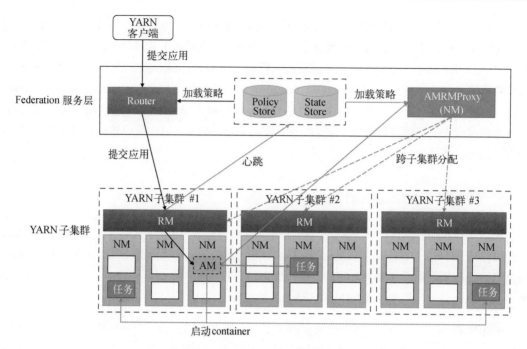

图 3-6　YARN Federation 的逻辑架构

Federation 服务层架构在 YARN 子集群之上，主要由 Router、Policy Store、State Store 和 AMRMProxy 组成。把应用从普通集群提交到 Federation 集群时，不需要更改任何代码，只需要管理员更改一下客户端上的配置文件，将 ResourceManager 地址改为 Router 的即可。YARN 客户端提交应用时，将应用提交给 Router，Router 从 Policy Store 中加载策略，从 State Store 中加载可用子集群列表，然后根据相应的策略从子集群列表中选择一个子集群，并将应用转交给所选子集群的 ResourceManager，ResourceManager 选择一个 NodeManager 启动 ApplicationMaster，随后 ApplicationMaster 与该 NodeManager 上的 AMRMProxy 进行通信，由 AMRMProxy 将资源请求转交给对应的 ResourceManager，最后由 ApplicationMaster 在对应的 NodeManager 上启动 container 运行任务。

## 3.3.2　Router

Router 是一个单独的守护进程，可以部署在任意节点上。此外，我们也可以通过部署多个 Router 实现负载均衡或者 HA 功能。Router 主要用来将应用分发到不同子集群中，是 YARN Federation 集群的网关。

Router 在整个 YARN Federation 集群中相当于一个全局 ResourceManager，不过它只实现了子集群 ResourceManager 与 YARN 客户端交互的逻辑，其中有 4 个服务，分别为 RouterClient-RMService、RouterRMAdminService、WebService 和 Metrics。其中，RouterClient-

`RMService` 服务实现 ApplicationClientProtocol 协议，它作为 ResourceManager 的代理，通过一系列拦截器对 YARN 客户端发送的 RPC 请求进行拦截转发，只转发普通的客户端请求；`RouterRMAdminService` 服务实现 ResourceManagerAdministrationProtocol 协议，对管理员命令进行拦截转发；WebService 服务提供了一个 Web 页面，用于展示整个 Federation 集群的信息，包括子集群信息、NodeManager 信息以及应用的信息，`WebService` 服务的默认地址为 localhost:8089，子集群信息与 NodeManager 信息如图 3-7 和图 3-8 所示；`Metrics` 服务用来收集 Router 的一些性能与健康状态指标。

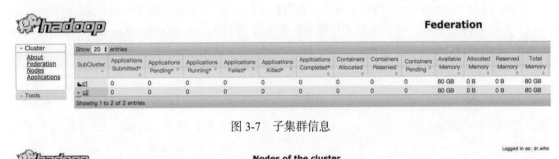

图 3-7　子集群信息

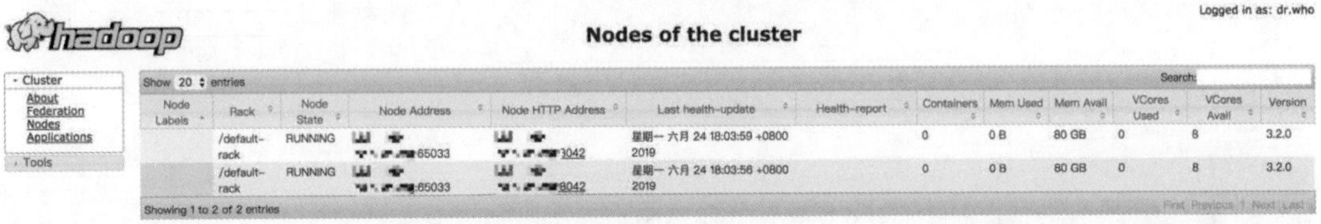

图 3-8　NodeManager 信息

在 Federation 集群中，提交应用时需指定 `yarn.resourcemanager.address` 为 Router 的地址。将应用提交给 Router 后，由 Router 根据从 Policy Store 中读取的策略选择合适的子集群，选择出的子集群被称为 home sub-cluster，其他子集群则称为该应用的 secondary sub-cluster。

Router 中有两个可插拔的组件，也是其核心，分别为 `FederationRouterPolicy` 和 `AbstractClientRequestInterceptor`。其中前者定义了 Router 选择子集群的策略，目前已实现的策略有 HashBasedRouterPolicy、LoadBasedRouterPolicy、WeightedRandomRouterPolicy、PriorityRouterPolicy、RejectRouterPolicy 和 UniformRandomRouterPolicy。需要注意的是，这些策略都是面向资源队列，而不是面向整个 Federation 集群的，它们更加灵活。

❑ HashBasedRouterPolicy 根据提交的应用所在资源队列名的散列值选择一个子集群，保证了同一资源队列的应用都在一个子集群中。

❑ LoadBasedRouterPolicy 是一种负载均衡策略，每次都选择空闲资源最多的子集群。

❑ WeightedRandomRouterPolicy 是一种随机选择策略，只是这个随机是基于各个子集群的权重而得的。

- □ PriorityRouterPolicy 根据优先级选择子集群，这里的优先级就是子集群的权重，每次都选择优先级最高的子集群。
- □ RejectRouterPolicy 是拒绝向该队列提交应用。目前，很多公司为了限制使用 YARN 的默认资源队列（YARN 启动之后，会自动创建一个默认资源队列。在应用不明确指定队列时，会运行在默认资源队列中），会将该队列的资源量设置为接近 0 或者通过修改代码将提交到该队列的应用直接返回并反馈给客户端一个友好的提示。而此时只需要将 YARN 的默认资源队列的策略设置为 RejectRouterPolicy，就可以实现同样的效果了。
- □ UniformRandomRouterPolicy 也是一种随机选择策略，与 WeightedRandomRouterPolicy 的区别是，它是在所有的可用子集群中随机选择，而 WeightedRandomRouterPolicy 是在所有可用并且有权重的子集群中选择。UniformRandomRouterPolicy 主要是为了方便测试，目前也是 Router 默认使用的策略。

如果你感觉这些策略还不能满足需求，还可以自定义策略，只要继承 AbstractRouterPolicy 类，然后在 getHomeSubcluster 方法中实现具体的选择策略即可。Router 选择策略的类图如图 3-9 所示。

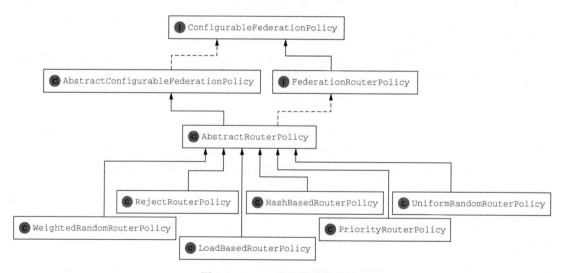

图 3-9　Router 选择策略的类图

AbstractClientRequestInterceptor 组件抽象了 Router 的拦截器服务。拦截器主要拦截 YARN 客户端发送给 ResourceManager 的 RPC 请求，是 ApplicationClientProtocol 协议的具体实现类。Router 提供了两个拦截器：一个是 DefaultClientRequestInterceptor，将 YARN 客户端的 RPC 请求不加任何处理直接转发给 ResourceManager；另一个是 FederationClient-Interceptor，它实现了 ResourceManager 的 Federation 功能，根据不同的策略将应用转发给不同

子集群的 ResourceManager。当然，我们也可以自定义拦截器，还可以将多个拦截器一起使用，组成一个 `pipeline`，只是 `FederationClientInterceptor` 必须是 `pipeline` 的最后一个拦截器。出于对安全和方便管理等方面的考虑，总是将集群的使用权限限制在某些 Hadoop 客户端机器上。之前要想达到这样的目的，集群管理员总是需要或多或少地去修改 YARN 的代码，但在 Federation 模式下，有了自定义拦截器的功能，管理员就可以通过自定义拦截器将非法提交的请求驳回。

### 3.3.3 State Store 和 Policy Store

Router 作为 YARN Federation 的网关，YARN 客户端通过它看到的是整个 Federation 集群的状态，这些状态由各个子集群汇报而得。为了存储和维护这些状态信息，Federation 在 ResourceManager 中新增了 State Store 模块，从而将多个单独的子集群组成一个巨大的 Federation 集群。子集群的 ResourceManager 通过与当前集群的 State Store 模块保持心跳以维持自己的健康状态，并在心跳时将节点当前的容量和负载信息也一并发送给它。为了使这些状态能够在各个 Router 之间共享，需要将它们持久化，可以将它们存储在 ZooKeeper 或者关系数据库（目前支持 MySQL 和 Microsoft SQL Server）中，虽然 Policy Store 中的数据也存储在这里，但在逻辑上是独立的。

Policy Store 中存储的策略以队列为主，这些策略包含两种，分别为 Router 策略和 AMRMProxy 策略。可以为队列配置不同的 Router 策略和 AMRMProxy 策略，其中 Router 策略决定了选择哪个子集群为 home sub-cluster，AMRMProxy 策略决定了向哪个子集群转发 ApplicationMaster 的资源请求。

### 3.3.4 AMRMProxy

AMRMProxy 是 YARN Federation 的核心，是允许应用跨子集群运行的关键组件。AMRMProxy 运行在所有的 NodeManager 实例中，充当 ResourceManager 的代理。在提交应用时，通过指定 `yarn.resourcemanager.scheduler.address` 为 `localhost:8049`，使应用的 ApplicationMaster 只与 AMRMProxy 进行通信，这样 ApplicationMaster 不用关心 Federation 集群的具体细节，就可以透明地向多个 ResourceManager 申请资源。

AMRMProxy 实现了 ApplicationMasterProtocol 协议，将拦截 ApplicationMaster 向 ResourceManager 发送的 RPC 请求，并根据不同的策略选择合适的 ResourceManager 转发该请求。如果请求被转发到 secondary sub-cluster，`FederationInterceptor` 会在其上创建一个托管 ApplicationMaster，由它负责应用在 secondary sub-cluster 上的 container 运行。这里要注意理解 ApplicationMaster 和托管 ApplicationMaster 的区别。在 secondary sub-cluster 集群上创建托管 ApplicationMaster 可使

secondary sub-cluster 中的 ResourceManager 失去对 ApplicationMaster 的管理权，从而将 container 的启动、停止交由 AMRMProxy 来接管。AMRMProxy 的架构如图 3-10 所示。

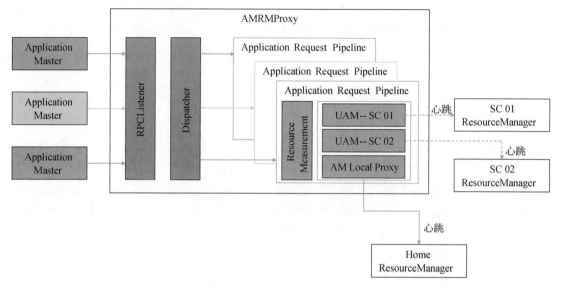

图 3-10   AMRMProxy 的架构

AMRMProxy 存在于 NodeManager 中，不仅隐藏了 Federation 集群的多个 ResourceManager，从而允许 ApplicationMaster 可以透明地跨子集群申请资源，还带来了一些额外的便利，比如负载均衡、限制应用的配额和防止 DoS 攻击。

AMRMProxy 也有两个可插拔的组件，分别为 `FederationAMRMProxyPolicy` 和 `Abstract-RequestInterceptor`。`FederationAMRMProxyPolicy` 组件定义了 AMRMProxy 转发请求的策略，这些策略包括 BroadcastAMRMProxyPolicy、HomeAMRMProxyPolicy、RejectAMRMProxyPolicy 和 LocalityMulticastAMRMProxyPolicy。其中 BroadcastAMRMProxyPolicy 是默认的策略，会将所有请求向全网广播；HomeAMRMProxyPolicy 只向 home sub-cluster 转发请求；RejectAMRMProxyPolicy 拒绝所有的请求。这三个策略都太简单粗暴了，无法让人眼前一亮。接下来，我们重点看下 LocalityMulticastAMRMProxyPolicy 策略的实现，看下它是否是我们想要的。

`LocalityMulticastAMRMProxyPolicy` 类的结构图如图 3-11 所示，个人认为其中较为重要的是 `AllocationBookkeeper`、`SubClusterResolver` 和 `headroom` 类。`AllocationBook-keeper` 是一个内部类，主要用于统计各个子集群中各类资源的申请量；`SubClusterResolver` 用于解析节点或者机架所归属的子集群；`headroom` 用于记录当前状态下各个子集群的资源空闲量。

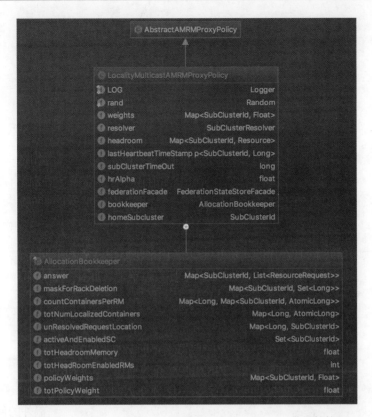

图 3-11　LocalityMulticastAMRMProxyPolicy 类的结构图

用 LocalityMulticastAMRMProxyPolicy 策略转发请求的具体逻辑实现是 splitResource-Requests 方法, 其转发算法是基于资源对本地性的要求来计算的。资源对本地性的要求分为 HOST、RACK 和 ANY 三种。下面通过代码梳理下具体的转发逻辑。首先使用一个 for 循环对资源请求进行遍历, 然后根据本地性的要求进行对应的处理, 其核心代码为:

```
public Map<SubClusterId, List<ResourceRequest>> splitResourceRequests(
  List<ResourceRequest> resourceRequests) throws YarnException {
  ...
  for (ResourceRequest rr : resourceRequests) {
    targetId = null;
    targetIds = null;
    // 如果是 ANY, 则先加入 nonLocalizedRequests 列表, 随后统一处理
    if (ResourceRequest.isAnyLocation(rr.getResourceName())) {
      nonLocalizedRequests.add(rr);
      continue;
    }
    // 如果是 HOST, 直接加入 HOST 所属的子集群列表中
    try {
      targetId = resolver.getSubClusterForNode(rr.getResourceName());
    } catch (YarnException e) {
```

```
    // 发生异常不进行处理，发生异常的原因可能是无法从机架名中区分节点
  }
  if (bookkeeper.isActiveAndEnabled(targetId)) {
    bookkeeper.addLocalizedNodeRR(targetId, rr);
    continue;
  }
  // 如果是 RACK，加入 RACK 所属的子集群列表中
  try {
    targetIds = resolver.getSubClustersForRack(rr.getResourceName());
  } catch (YarnException e) {
    // 发生异常不进行处理，发生异常的原因可能是无法从机架名中区分节点
  }
  if (targetIds != null && targetIds.size() > 0) {
    boolean hasActive = false;
    for (SubClusterId tid : targetIds) {
      if (bookkeeper.isActiveAndEnabled(tid)) {
        bookkeeper.addRackRR(tid, rr);
        hasActive = true;
      }
    }
    if (hasActive) {
      continue;
    }
  }
  // 如果 HOST 和 RACK 未解析成功，则从已保存的正常子集群列表中随机选一个
  targetId = getSubClusterForUnResolvedRequest(bookkeeper,
    rr.getAllocationRequestId());
  ...
  if (targetIds != null && targetIds.size() > 0) {
    bookkeeper.addRackRR(targetId, rr);
  } else {
    bookkeeper.addLocalizedNodeRR(targetId, rr);
  }
}
// 统一处理 ANY 资源
splitAnyRequests(nonLocalizedRequests, bookkeeper);
...
return bookkeeper.getAnswer();
}
```

上述代码较为简单，需要重点说下对 **ANY** 资源的处理，核心处理逻辑在 `splitIndividualAny` 方法中（调用该方法的顺序为 `splitAnyRequests→splitIndividualAny`），主要是根据 `headroom` 和 `weight` 计算需向该子集群申请的资源量，然后再将请求加入该子集群的资源请求列表中。关键逻辑代码为：

```
private void splitIndividualAny(ResourceRequest originalResourceRequest,
  Set<SubClusterId> targetSubclusters,
  AllocationBookkeeper allocationBookkeeper) throws YarnException {
  ...
  for (SubClusterId targetId : targetSCs) {
    // 如果与本地性的要求相关，则根据其比率进行划分
    if (allocationBookkeeper.getSubClustersForId(allocationId) !=
```

```
    null){
      ...
    } else {
      // 否则根据负载和策略进行切分
      float headroomWeighting =
        getHeadroomWeighting(targetId, allocationBookkeeper);
      float policyWeighting =
        getPolicyConfigWeighting(targetId, allocationBookkeeper);
      // hrAlpha 控制空闲资源影响决策的比例
      weightsList.add(hrAlpha * headroomWeighting
        + (1 - hrAlpha) * policyWeighting);
    }
}
// 计算每个子集群的 container 个数
ArrayList<Integer> containerNums =
  computeIntegerAssignment(numContainer, weightsList);
int i = 0;
// 根据计算结果向子集群申请资源
for (SubClusterId targetId : targetSCs) {
  // 如果计算结果非空，则加入到 answer 中
  if (containerNums.get(i) > 0) {
    // 这里是将一个请求分为多个请求向不同的子集群申请资源
    ResourceRequest out =
      ResourceRequest.clone(originalResourceRequest);
    out.setNumContainers(containerNums.get(i));
    if (ResourceRequest.isAnyLocation(out.getResourceName())) {
      allocationBookkeeper.addAnyRR(targetId, out);
    } else {
      allocationBookkeeper.addRackRR(targetId, out);
    }
  }
  i++;
}
}
```

通过 LocalityMulticastAMRMProxyPolicy 策略转发一个资源请求的流程图如图 3-12 所示。

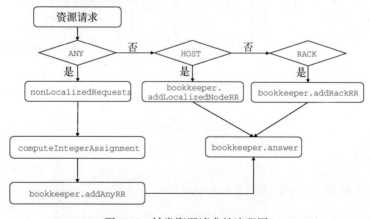

图 3-12　转发资源请求的流程图

AbstractRequestInterceptor 组件实现了 RequestInterceptor 接口,用于拦截和检查从 ApplicationMaster 发往 ResourceManager 的请求。AMRMProxy 通过拦截器实现代理功能。具体的拦截器有 DefaultRequestInterceptor、FederationInterceptor 和 DistributedScheduler。其中 DefaultRequestInterceptor 是默认拦截器,不对请求进行任何处理就直接转发;FederationInterceptor 是 Federation 的具体实现,会对请求进行拦截包装,然后发送给对应的子集群;DistributedScheduler 实现了分布式调度的功能,具体实现可参考 3.5 节。

### 3.3.5   跨子集群运行

一个应用跨子集群运行的时序图如图 3-13 所示。

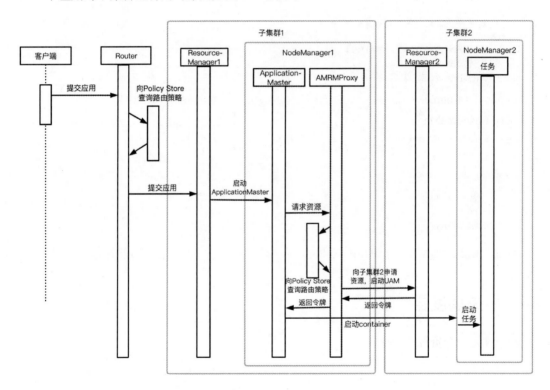

图 3-13   应用跨子集群运行的时序图

具体步骤如下。

(1) YARN 客户端提交应用时指定 Router 的地址。

(2) Router 接收到应用的请求后,从 Policy Store 中查询相应的策略选择合适的 ResourceManager 作为 home ResourceManager。

(3) Router 选择好 home ResourceManager 之后，从 State Store 中查询它的具体信息。

(4) Router 得到具体的 home ResourceManager 信息之后，向其转发应用提交的请求。

(5) Router 将应用的状态信息更新到 State Store 中。

(6) 当 home ResourceManager 接收到提交的请求之后，YARN 的正常调度流程就被触发了，由调度器将应用调度到相应的队列，在 home sub-cluster 集群中的节点启动 ApplicationMaster。与普通 YARN 集群不同的是，Federation 集群会改变 ApplicationMaster 的环境变量，将与其通信的 ResourceManager 的地址改为 AMRMProxy 的地址。除此之外，还需要修改一下安全令牌，以便 ApplicationMaster 只能与 AMRMProxy 通信。之后 ApplicationMaster 与 ResourceManager 之间的所有请求都将通过 AMRMProxy 来转发。

(7) ApplicationMaster 向 AMRMProxy 申请资源。

(8) AMRMProxy 根据 Policy Store 中的策略决定是否将从 ApplicationMaster 接收的资源请求转发到 home ResourceManager 或者其他 secondary ResourceManager。如果需要将资源请求提交到 secondary ResourceManager，则需要在 secondary sub-cluster 集群提交启动托管 ApplicationMaster 的请求，然后执行第(9)步。

(9) secondary ResourceManager 会为 AMRMProxy 提供有效的 container 令牌，以便在其子集群中的某个节点上启动新容器。

(10) AMRMProxy 将 ResourceManager 返回的资源转发给 ApplicationMaster。

(11) ApplicationMaster 使用标准的协议在目标 NodeManager 上启动 container。

## 3.4 中央调度器

YARN 是一个资源管理平台，由 ResourceManager 负责资源调度。调度由 YarnScheduler 实现，它主要负责资源的分配和回收。具体的调度策略是一个插件式的服务，有多种实现。各种调度策略旨在使集群在多用户的情况下既能让各种应用共享资源，又能有效隔离资源，使集群资源得到最大化的利用，提升集群的吞吐量和资源利用率，从而为公司降本提效。

ResourceManager 支持的调度策略有 FIFO、Capacity 和 Fair。FIFO 是 Hadoop 早期版本默认的调度策略，它根据任务的提交顺序进行调度，任务之间并没有太多的隔离，缺点是容易导致重要任务无法被及时调度。目前，Hadoop 已经放弃 FIFO 策略，采用的主流策略是 Capacity 和 Fair。Capacity 是 Apache Hadoop 版本默认的调度策略，支持多用户，能够做到对资源的精准限制，保证每个用户的容量。Fair 是 CDH 版本默认的调度策略，同样支持多用户，对资源能够做到更精细的调度，在保证各个用户容量的同时还可以使用其他队列未使用的资源，提高集群的利用率。

## 3.4.1　Capacity 调度器

Capacity 调度器支持多用户之间共享集群资源，同时还保证各个用户在高峰期都能有足够的资源可用，而且不会被其他用户非法抢占。Capacity 调度器将资源抽象成队列，以队列为单位对资源进行隔离，并且提供了严格的限制，确保单个应用或者用户不会占用不合理的资源，保证集群的稳定性。

队列采用分层结构，最顶层的父节点是集群队列的根，既可以从根分配叶子队列，也可以在自己队列的基础上再次分配叶子队列。只有叶子队列才可以提交应用，并且叶子队列的名字是唯一的。资源按照在父级队列中的最小和最大百分比分配给这些叶子队列。

- ❑ 当各个队列的最小容量之和小于等于集群资源总量时，最小容量是指保证一定可以分配给某个队列的资源。假如 A 队列正在运行任务，而其他队列需要抢占它的队列资源，那么当 A 队列的资源等于其最小容量时，将不允许被抢占。
- ❑ 最大容量是指在集群有资源的情况下，该队列可使用资源的最高值，它并不保证一定可以使用这么多资源，只是一个弹性容量区间。这个弹性容量是允许抢占的。

每个队列都存在最小容量和最大容量。最大容量是弹性容量，因此在某些队列的最小容量无法满足时，需要回收其他队列的最大容量。正常情况是等待其他队列中的资源释放之后才能回收，如果其他队列长时间不释放资源，就通过抢占来回收，从而满足自己的最小容量。需要注意，抢占功能并不会彻底杀死一个应用，会优先抢占 Map 任务的资源，最后才是 Reduce 任务的资源，因为被杀掉的任务必须重新运行，而 Reduce 比 Map 要重复更多的工作。从排序的角度来看，抢占时优先考虑最新应用和大多数超额使用资源的应用，而且抢占只能发生在队列之间。

Capacity 调度中的队列主要用于任务隔离，避免某类任务独占集群资源从而影响其他类型的任务，比如大量的离线任务容易影响实时任务的实效性。因此，可以针对不同场景设置不同的队列。例如，可以将集群资源分为离线、机器学习和实时三个队列：离线队列运行定时 ETL 任务和日常统计任务，需要保证任务定时完成；机器学习队列主要用于模型训练，对任务完成的时间没有太高要求；实时队列主要用于进行实时 ETL 和实时统计，对时效性要求较高。之所以要单独考虑实时任务，是因为实时任务并不会释放资源，这样其队列中的资源就不能被循环利用，而且如果高峰期需要资源扩容，而此时资源又被其他队列抢占，就会导致实时任务出现延迟。其他队列的应用都属于短应用，能够在有效时间内结束，这样队列中的资源就能得到有效的循环利用，而且各个队列的弹性容量也能得到高效使用。

Capacity 调度器不仅保证了每个队列都有一定的资源，而且保证了队列中应用或者用户也有一定的资源可用。队列中应用的可用资源是通过排序策略控制的，Capacity 调度队列支持的排序策略有 FIFO 和 FAIR。其中默认使用的是 FIFO 策略，但这不是用户所希望的排序策略，因为它是按照应用提交的顺序来进行资源分配的，这就导致如果一个应用有足够多的任务需要执行，则它将请求足够多的资源启动任务，此时这些任务可能会占用整个队列，这样该队列的其他应用将无法启动。FAIR 策略很容易就解决了这个问题。在叶子队列上使用 FAIR 策略时，应首先对应用已占用的资源量进行评估，资源占用最少的应用会被优先分配资源。这将首先对进入队列的且没有进行资源分配的新应用进行资源分配，保证队列中的应用都可得到一定的资源。在叶子队列中配置 FIFO 或者 FAIR 策略，需要在应用的吞吐量和公平共享之间合理选择。

即使使用了 FAIR 策略，队列也有可能被某个用户占满从而阻止其他用户提交应用，那么如何避免单个用户占用队列的大量资源呢？可以通过最小用户百分比和用户限制因子来控制。最小用户百分比是单个用户在请求资源时应访问的最小资源量百分比，是一个软限制，例如 10% 的最小用户百分比意味着 10 个用户将分别获得最小资源的 10%。这个值不是硬性规定的，因为如果其中一个用户要求的资源较少，就可以将更多用户放入队列。用户限制因子是一种控制单个用户可以使用的最大资源量的方法，是硬性规定的。用户限制因子设置为队列最小容量的倍数。如果将用户限制因子设置为 1，表示用户可以使用队列的整个最小容量；如果用户限制因子大于 1，则用户可能会增长到最大容量；如果用户限制因子小于 1，例如 0.5，则用户只能获得队列最小容量的一半，如图 3-14 所示。

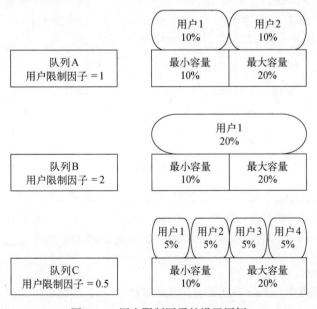

图 3-14 用户限制因子的设置用例

　　Capacity 调度器可以在多用户之间共享集群，能够保证每个用户的容量和安全，以及确保共享集群不受单个流氓应用或用户的影响。此外，Capacity 调度器还提供一组严格的限制，以确保单个应用、用户或队列不会消耗集群中不成比例的资源，从而确保集群的公平性和稳定性。

## 3.4.2　Fair 调度器

　　Fair 调度器与 Capacity 调度器类似，也是基于层级队列对资源和应用进行隔离。Fair 调度器的主要设计理念是让所有任务随着时间的流逝都能获取相等的资源，这样无论何种类型的任务，都能被公平调度，这保证短应用能在合理的时间内完成，同时长期存在的应用也不会挨饿。个人理解 Fair 调度器能够更好地在多用户之间共享集群资源，而且用户也可以根据自身应用场景设置不同的队列模式进行应用隔离。比如 user1 和 user2 共享一个集群，为了对其进行资源隔离，将集群资源从 root 队列分为 user1 和 user2 两个子队列，其中 user1 占用的资源要比 user2 多。user1 的应用类型包括 MR、Spark 和流式应用，为了进行应用隔离，又将队列 user1 划分为 MR、Spark 和 streaming 这 3 个队列；user2 的应用类型只有 MR 和 Spark，则只将队列 user2 划分为 MR 和 Spark 队列，如图 3-15 所示。

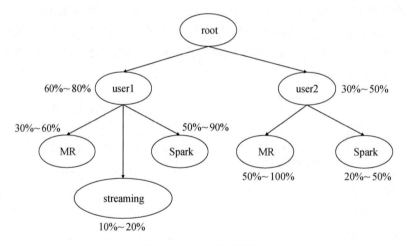

图 3-15　Fair 队列设计

　　从图 3-15 中可以看出，Fair 调度器中的队列也支持弹性扩容，也有最小容量和最大容量的概念，并且在队列内也支持多种排序策略。与 Capacity 调度不同的是，它的叶子队列的名字可以相同，只要全路径不同即可，例如 root.user1.MR 和 root.user2.MR 的叶子队列的名字相同，均为 MR，但全路径不同。

　　由于 Capacity 调度器与 Fair 调度器现在越来越趋于相同，因此这里我们只介绍 Fair 调度器中的一些核心名词和调度流程。

**1. Fair 调度器的核心名词**

- **权重**

权重（weight）是队列的一个属性，用于控制各个队列共享的资源比例，取值大于等于 0.0，默认值为 1.0。假如有 A 和 B 两个队列，队列 A 的权重是 2.0，队列 B 的权重是默认值 1.0，则队列 A 获得的固定公平份额（Steady Fair Share）是队列 B 的 2 倍。关于权重的理解和使用，有以下几点需要注意。

- ❑ 权重的值决定的是一个队列相对于其他兄弟队列而言应该得到的资源，而不是相对于整个集群的同级队列。
- ❑ 子队列的权重不会继承父队列的权重，如果不设置，则为默认值 1.0。
- ❑ 父队列的所有子队列权重之和不需要等于 1.0。
- ❑ 权重不只用来计算固定公平份额，也用来计算瞬时公平份额（Instantaneous Fair Share）。

- **固定公平份额**

固定公平份额（Steady Fair Share）既是一个队列的理想值，也是一个静态值，是由集群资源和权重计算出来的。我们并不会经常计算该值，只有在集群启动或者集群总资源发生增减时才会重新计算。每个队列的固定公平份额的计算公式是：集群总资源/所有队列的权重总和×权重（某个队列的权重）。但是在实际生产中，每个队列都会设置最小资源量和最大资源量，因此实际的固定公平份额值与上述公式的计算结果有偏差。具体的计算规则还得从代码中寻找。

计算固定公平份额的入口函数是 FairScheduler.handle(NodeAddedSchedulerEvent)，当该函数捕获到 NODE_ADDED 事件之后，会调用 addNode 方法，然后为队列设置固定公平份额。设置时，首先调用 queueMgr.getRootQueue().setSteadyFairShare(clusterResource) 设置根队列的固定公平份额，根队列是整个集群的父队列，其固定公平份额就是集群总资源；其次，调用 queueMgr.getRootQueue().recomputeSteadyShares 广度优先计算每个队列的固定公平份额。recomputeSteadyShares 方法的代码如下：

```
void recomputeSteadyShares() {
  readLock.lock();
  try {
    // 根据不同的资源计算策略计算子队列的固定公平份额
    // FairScheduler 中可以为每个队列设置的调度策略，这里以 Fair 为例
    policy.computeSteadyShares(childQueues, getSteadyFairShare());
    for (FSQueue childQueue : childQueues) {
      childQueue.getMetrics()
        .setSteadyFairShare(childQueue.getSteadyFairShare());
      // 如果队列是父队列，则继续递归计算其子队列的固定公平份额
      if (childQueue instanceof FSParentQueue) {
        ((FSParentQueue) childQueue).recomputeSteadyShares();
```

```
    }
  }
} finally {
  readLock.unlock();
}
}
```

在上述代码中，recomputeSteadyShares 方法首先计算子队列的固定公平份额，在给子队列赋值时，先判断其是否存在子队列，如果存在，则继续递归计算子队列的固定公平份额（这也就解释了为什么权重的值决定的是一个队列相对于其他兄弟队列而言应该得到的资源）。recomputeSteadyShares 方法通过调用 policy.computeSteadyShare 方法计算子队列的固定公平份额，该方法最终会调用 ComputeFairShares.computeSharesInternal 方法进行计算。

ComputeFairShares.computeSharesInternal 方法的核心计算逻辑是先找到一个比值 R，然后根据 R×权重与最小资源量和最大资源量之间的关系确定固定公平份额。计算 R 之前，先要确定哪些可调度实例需要使用 R 来计算固定公平份额。不需要使用 R 计算固定公平份额的可调度实例称为固定调度实例。handleFixedFairShares 方法会遍历所有的可调度实例，识别出固定调度实例与非固定调度实例。由于固定调度实例的固定公平份额可直接赋值，所以在遍历的过程中会更新它们，随后将这部分资源从集群总资源中去除，使用剩余的可计算资源和非固定调度实例计算比值 R。计算 R 时，先粗鲁地找到 R 可取值范围的上限，然后利用二分查找法精确定位 R 的值。具体代码如下：

```java
private static void computeSharesInternal(
  Collection<? extends Schedulable> allSchedulables,
  Resource totalResources, String type, boolean isSteadyShare) {
    // 用于存放需要计算的可调度实例
    Collection<Schedulable> schedulables = new ArrayList<>();
    // 得到不需要使用 R 计算固定公平份额的队列和这些队列返回的总资源
    int takenResources = handleFixedFairShares(
      allSchedulables, schedulables, isSteadyShare, type);
    // 如果没有需要计算的调度实例，则直接返回
    if (schedulables.isEmpty()) {
      return;
  }
  ...
  // 确定集群的可计算资源
  long totalResource = Math.max((totalResources.getResourceValue(type)
    - takenResources), 0);
  // 这里解释了为什么队列最大资源量的总和要大于集群总资源
  totalResource = Math.min(totalMaxShare, totalResource);

  double rMax = 1.0;
  // 快速定位 R 可取值范围的上限
  while (resourceUsedWithWeightToResourceRatio(rMax, schedulables, type)
    < totalResource) {
      rMax *= 2.0;
  }
  // 利用二分查找法精确定位 R 的值
```

```
double left = 0;
double right = rMax;
for (int i = 0; i < COMPUTE_FAIR_SHARES_ITERATIONS; i++) {
  double mid = (left + right) / 2.0;
  int plannedResourceUsed = resourceUsedWithWeightToResourceRatio(
    mid, schedulables, type);
  if (plannedResourceUsed == totalResource) {
    right = mid;
    break;
  } else if (plannedResourceUsed < totalResource) {
    left = mid;
  } else {
    right = mid;
  }
}
// 根据 R 计算固定公平份额
for (Schedulable sched : schedulables) {
  ...
  target.setResourceValue(type, (long)computeShare(sched, right,
    type));
}
}
```

那么，何为上面提到的固定调度实例呢？代码中的逻辑是当最大资源量小于等于 0 或者权重小于等于 0 时，队列就为固定队列。还有一种情况是在计算瞬时公平份额时，如果队列中没有活跃的任务，那么该队列也是固定队列。相关代码如下：

```
private static long getFairShareIfFixed(Schedulable sched,
  boolean isSteadyShare, String type) {
  // 如果最大资源量小于等于 0，则为固定调度实例
  if (sched.getMaxShare().getResourceValue(type) <= 0) {
    return 0;
  }
  // 如果是瞬时公平份额并且队列中无任务在运行，则为固定调度实例
  if (!isSteadyShare &&
    (sched instanceof FSQueue) && !((FSQueue)sched).isActive()) {
      return 0;
  }
  // 如果权重小于等于 0，则为固定调度实例
  if (sched.getWeight() <= 0) {
    long minShare = sched.getMinShare().getResourceValue(type);
    return (minShare <= 0) ? 0 : minShare;
  }
  return -1;
}
```

在计算比值 $R$ 时，先决定它的取值上限。上限是使所有非固定调度实例的预计分配资源的和最接近于可计算资源的值。非固定调度实例的预计分配资源计算逻辑分三种情况。

❑ 若队列的 minShare > $R$×权重，则分配 minShare。
❑ 若队列的 maxShare < $R$×权重，则分配 maxShare。

❑ 其他情况直接分配 $R×$权重。

代码如下：

```
private static int computeShare(Schedulable sched, double w2rRatio,
  String type) {
  double share = sched.getWeight() * w2rRatio;
  share = Math.max(share,
    sched.getMinShare().getResourceValue(type));
  share = Math.min(share,
    sched.getMaxShare().getResourceValue(type));
  return (int) share;
}
```

在下限和上限之间通过二分查找法检索精确的 $R$ 值，最后根据它对固定公平份额赋值。整个计算逻辑可概括为以下三步。

(1) 识别出固定调度实例与非固定调度实例。

(2) 根据当前集群可计算资源和参与计算的可调度实例计算比值 $R$。

(3) 根据 $R×$权重与最小资源量和最大资源量之间的关系确定固定公平份额。

● 瞬时公平份额

瞬时公平份额（Instantaneous Fair Share）是一个动态的值，一般简称为 Fair Share，计算的是集群中每个活跃队列的 Fair Share。其中活跃队列是有任务在运行的队列。由于瞬时公平份额是一个动态的值，需要定期去更新，所以在 FairScheduler 启动时，会创建一个线程 UpdateThread，此线程每隔一段时间更新一次队列的 Fair Share，间隔时间由 yarn.scheduler.fair.update-interval-ms 决定。

每个队列的瞬时公平份额的计算公式是：集群总资源/活跃队列的权重总和×活跃队列的权重。但是在实际生产中，每个队列都会设置最小资源量和最大资源量，因此实际的瞬时公平份额的值与上述公式的计算结果有偏差。具体的计算规则也在 ComputeFairShares.computeSharesInternal 方法中。

瞬时公平份额与固定公平份额的主要区别是参与计算的可调度实例集合不一样，也就是固定调度实例的识别标准不一样，瞬时公平份额认为队列中没有活跃任务的队列也是固定调度实例。

Fair Share 表示队列或者作业可获得的公平资源。通常，当某个队列或者作业实际获取到的资源不满足其 Fair Share 时，将更有机会获取到新的资源。同样，当某个队列或者作业实际获取到的资源超出其 Fair Share 时，其释放的资源将会分配其他队列或者作业，甚至现有的资源也有可能被抢占。

**2. Fair 调度器的调度流程**

应用之所以能在 YARN 上并行执行，是因为它被分为了多个子任务。这些子任务都是由调度器分配到具体的 NodeManager 上执行的。本节就具体分析一下 Fair 调度器如何分配子任务，Fair 调度器如何做到公平共享。

Fair 调度器提供了两种调度触发机制，分别为心跳机制和连续调度机制。心跳机制是指 NodeManager 定期向 ResourceManager 汇报自己当前的状态，ResourceManager 收到 NodeManager 的心跳之后，调度器会为 NodeManager 分配子任务。连续调度机制是 Fair 调度器在初始化时启动一个单独的线程，该线程将持续扫描所有的 NodeManager 并为它们分配子任务，等下次心跳时将结果通知给 NodeManager。这两种触发机制都是异步进行的。

连续调度机制是在 Hadoop 2.3.0 版本中引入的，旨在解决通过心跳机制分配子任务时，受心跳周期影响而导致调度不及时的问题。例如，在大规模集群下，为了缓解 ResourceManager 的压力，会延长心跳周期，此时子任务的调度就会有较大的延迟。但是在 3.2.0 版本中，连续调度机制已经被标记为废弃的，在未来的版本中会逐步删除其相关代码。之所以要删除，是因为连续调度机制在集群增长到上百台节点之后，会在性能和锁上带来一些副作用。例如，需要处理的心跳数量将会干扰连续调度线程和其他内部线程，这容易导致线程饥饿，严重时会使调度流程卡住。心跳机制和连续调度机制实际的分配流程其实是一样的，所以这里从心跳机制出发，梳理下 Fair 调度器具体的调度流程。

NodeManager 将心跳包装成 NODE_UPDATE 事件发送给 ResourceManager，由具体的调度器类捕获，然后调用 nodeUpdate 方法进行处理。Capacity 调度器类和 Fair 调度器类均继承自抽象类 AbstractYarnScheduler，并各自重写了 nodeUpdate 方法，该方法实现的是具体的调度规则，调度器类的结构图如图 3-16 所示。

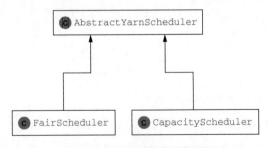

图 3-16　调度器类的结构图

Fair 调度器类 FairScheduler 重写的 nodeUpdate 方法调用 attemptScheduling 方法对收到心跳的节点进行资源调度，具体代码如下：

```
protected void nodeUpdate(RMNode nm) {
  writeLock.lock();
  try {
    // 调用父类的 nodeUpdate 方法
    super.nodeUpdate(nm);
    FSSchedulerNode fsNode = getFSSchedulerNode(nm.getNodeID());
    // 尝试对收到心跳的节点进行资源调度
    attemptScheduling(fsNode);
    ...
  } finally {
    writeLock.unlock();
  }
}
```

attemptScheduling 方法在为节点调度资源时分三种情况。首先，判断节点上有没有等待抢占资源的应用，如果有，则根据 FIFO 策略对等待抢占资源的应用进行资源调度。然后判断是否有为应用预留的资源，如果有，则先判断下应用是否还需要预留资源，如果不需要，就释放掉之前预留的资源；如果需要，则尝试对应用进行资源调度。最后，才会对队列树中的应用进行资源调度。代码细节如下：

```
void attemptScheduling(FSSchedulerNode node) {
  writeLock.lock();
  try {
    ...
    // 根据 FIFO 策略从应用列表中选出应用进行调度
    assignPreemptedContainers(node);
    FSAppAttempt reservedAppSchedulable =
      node.getReservedAppSchedulable();
    boolean validReservation = false;
    if (reservedAppSchedulable != null) {
      // 如果有应用需要预留资源，则尝试对其进行调度，返回 true
      // 如果不需要再预留，则返回 false
      validReservation =
        reservedAppSchedulable.assignReservedContainer(node);
    }
    if (!validReservation) {
      int assignedContainers = 0;
      Resource assignedResource = Resources.clone(Resources.none());
      Resource maxResourcesToAssign = Resources.multiply(
        node.getUnallocatedResource(), 0.5f);
      while (node.getReservedContainer() == null) {
        // 从队列树中选取应用进行资源调度
        Resource assignment =
          queueMgr.getRootQueue().assignContainer(node);
        ...
        // 统计当前心跳分配了多少个 container，主要用于 assignmultiple
        assignedContainers++;
        Resources.addTo(assignedResource, assignment);
        // 是否开启 assignmultiple
        if (!shouldContinueAssigning(assignedContainers,
          maxResourcesToAssign, assignedResource)) {
```

```
        break;
      }
    }
  }
  updateRootQueueMetrics();
} finally {
  writeLock.unlock();
  }
}
```

Fair 调度器为收到心跳的节点进行资源调度时，并不会检查该节点是否有足够的空闲资源，因为此时它并不知道要调度的资源请求需要多少资源。当进行分配时，如果发现节点上没有足够的空闲资源，则判断是否触发了预留机制。对于上述调度资源的三种情况，这里重点介绍一下对队列树中的应用进行资源调度的流程，也就是 queueMgr.getRootQueue().assignContainer(node) 方法的具体逻辑。

assignContainer 方法首先会从队列树中选取合适的调度实例进行资源调度，那么什么样的调度实例是合适的，Fair 调度器又是如何保证各个调度实例都能得到相对公平的资源呢？这都取决于队列中配置的排序策略。Fair 调度器默认使用 FAIR 策略，对应的比较器为 FairSharePolicy.FairShareComparator，排序逻辑如下。

(1) 比较需求。没有需求的调度实例的优先级较低。需求是指调度实例所请求的资源总量，包括已分配的资源请求和未分配的资源请求。

(2) 比较最小资源量的使用量。为资源使用量低于最小资源量的调度实例计算一个比率，该比率为已分配的资源占最小资源量的比值，其值越小，对应调度实例的优先级越高。例如作业 A 的最小资源量是 10，已分配的资源是 8，而作业 B 的最小资源量是 100，已分配的资源是 50，则作业 B 的优先级比作业 A 高。因为作业 B 的最小资源量使用量占比为 50%，低于作业 A 的使用量占比 80%。

(3) 比较 Fair Share 的使用量。资源使用量超过最小资源量的调度实例需要比较 Fair Share 的使用量。Fair Share 使用量的计算公式为：资源使用量/权重。如果权重非 0，则 Fair Share 使用量少的调度实例优先级高。如果权重为 0，此时又可以分两种情况：一种是权重全为 0，则资源使用量少的调度实例的优先级高；另一种是部分为 0，则资源使用量不为 0 的调度实例的优先级高。

(4) 比较提交时间和应用名字。先提交的应用优先级高，同时提交的应用根据应用名字的字典序进行排序来划分优先级。（可见，要想让应用优先调度，也需要起一个“好”名字。）

下面从 FairShareComparator.compare 方法的代码中看下具体的逻辑来加深理解：

```
public int compare(Schedulable s1, Schedulable s2) {
  // 比较需求
  int res = compareDemand(s1, s2);
  // 若需求无法得出优先级，则比较最小资源量的使用量
  if (res == 0) {
    resourceUsage1 = s1.getResourceUsage();
    resourceUsage2 = s2.getResourceUsage();
    res = compareMinShareUsage(s1, s2, resourceUsage1, resourceUsage2);
  }
  // 若最小资源量的使用量依然无法得出优先级，则比较 Fair Share 的使用量
  if (res == 0) {
    res = compareFairShareUsage(s1, s2, resourceUsage1, resourceUsage2);
  }
  // 根据应用的提交时间决定优先级
  if (res == 0) {
    res = (int) Math.signum(s1.getStartTime() - s2.getStartTime());
  }
  // 根据应用名字的字典序进行排序来得到优先级
  if (res == 0) {
    res = s1.getName().compareTo(s2.getName());
  }
  return res;
}
```

队列和应用都被抽象为一个调度实例，这些调度实例组成一个队列树。如果队列中有应用，则应用就作为队列树的叶子节点。调度实例主要用来分配资源、为调度器提供应用或者队列的相关信息，各类型的调度实例都重写了 assignContainer 方法。attemptScheduling 方法首先会调用根队列的 assignContainer 方法，也就是 FSParentQueue.assignContainer，它会使用上述的比较器 FairShareComparator 构建一个树集合，然后递归地构建树集合以找到需要调度资源的调度实例。FSParentQueue.assignContainer 方法的代码如下：

```
public Resource assignContainer(FSSchedulerNode node) {
  ...
  // 指定比较器构建树集合
  TreeSet<FSQueue> sortedChildQueues = new
    TreeSet<>(policy.getComparator());
  readLock.lock();
  try {
    // 排序
    sortedChildQueues.addAll(childQueues);
    for (FSQueue child : sortedChildQueues) {
      // 递归查找调度实例
      assigned = child.assignContainer(node);
      if (!Resources.equals(assigned, Resources.none())) {
        break;
      }
    }
  } finally {
    readLock.unlock();
  }
  return assigned;
}
```

FSParentQueue 调用 FSLeafQueue 在叶子队列的 assignContainer 方法中通过 fetch-AppsWithDemand 对正在运行的应用构建一个树集合来选择一个可调度的应用实例，最后通过 FSAppAttempt.assignContainer 方法进行资源分配，此方法的代码如下：

```java
private Resource assignContainer(FSSchedulerNode node, boolean reserved) {
  ...
  try {
    writeLock.lock();
    ...
    for (SchedulerRequestKey schedulerKey : keysToTry) {
      // hasContainerForNode 用于判断可否进行分配
      if (!reserved && !hasContainerForNode(schedulerKey, node)) {
        continue;
      }
      // 机会调度，这在 3.5 节中会介绍
      addSchedulingOpportunity(schedulerKey);
      PendingAsk rackLocalPendingAsk = getPendingAsk(schedulerKey,
        node.getRackName());
      PendingAsk nodeLocalPendingAsk = getPendingAsk(schedulerKey,
        node.getNodeName());
      // appSchedulingInfo.canDelayTo 表示支持降级调度
      if (nodeLocalPendingAsk.getCount() > 0
        && !appSchedulingInfo.canDelayTo(schedulerKey,
        node.getNodeName())) {
        LOG.warn("Relax locality off is not supported on local
          request: "
          + nodeLocalPendingAsk);
      }

      NodeType allowedLocality;
      if (scheduler.isContinuousSchedulingEnabled()) {
        ...// 持续调度
      } else {
        // 本地性级别
        allowedLocality = getAllowedLocalityLevel(schedulerKey,
          scheduler.getNumClusterNodes(),
          scheduler.getNodeLocalityThreshold(),
          scheduler.getRackLocalityThreshold());
      }
      // 尝试进行 NODE_LOCAL 调度
      if (rackLocalPendingAsk.getCount() > 0
        && nodeLocalPendingAsk.getCount() > 0) {
        if (LOG.isTraceEnabled()) {
          LOG.trace("Assign container on " + node.getNodeName()
            + " node, assignType: NODE_LOCAL" + ",
            allowedLocality: "
            + allowedLocality + ", priority: " +
            schedulerKey.getPriority()
            + ", app attempt id: " + this.attemptId);
        }
        return assignContainer(node, nodeLocalPendingAsk,
          NodeType.NODE_LOCAL,
          reserved, schedulerKey);
```

```
        }
        // 判断是否可以降级到 RACK_LOCAL 级别
        if (!appSchedulingInfo.canDelayTo(schedulerKey,
          node.getRackName())) {
            continue;
        }
        // 尝试进行 RACK_LOCAL 调度
        if (rackLocalPendingAsk.getCount() > 0
          && (allowedLocality.equals(NodeType.RACK_LOCAL) ||
          allowedLocality.equals(NodeType.OFF_SWITCH))) {
            if (LOG.isTraceEnabled()) {
              LOG.trace("Assign container on " + node.getNodeName()
                + " node, assignType: RACK_LOCAL" + ",
                allowedLocality: "
                + allowedLocality + ", priority: " +
                schedulerKey.getPriority()
                + ", app attempt id: " + this.attemptId);
            }
            // 分配 container，如果节点空闲资源不够，就触发预留机制
            return assignContainer(node, rackLocalPendingAsk,
              NodeType.RACK_LOCAL, reserved, schedulerKey);
        }

        PendingAsk offswitchAsk = getPendingAsk(schedulerKey,
          ResourceRequest.ANY);
        // 判断是否可以降级到 ANY 级别
        if (!appSchedulingInfo.canDelayTo(schedulerKey,
          ResourceRequest.ANY)) {
            continue;
        }
        // 尝试进行 ANY 调度
        if (offswitchAsk.getCount() > 0) {
          if (getAppPlacementAllocator(schedulerKey).
            getUniqueLocationAsks()<= 1 ||
            allowedLocality.equals(NodeType.OFF_SWITCH)) {
              if (LOG.isTraceEnabled()) {
                LOG.trace("Assign container on " + node.getNodeName()
                  + " node, assignType: OFF_SWITCH" + ",
                  allowedLocality: "
                  + allowedLocality + ", priority: "
                  + schedulerKey.getPriority()
                  + ", app attempt id: " + this.attemptId);
              }
              return assignContainer(node, offswitchAsk,
                NodeType.OFF_SWITCH,
                reserved, schedulerKey);
          }
        }
      }
    } finally {
      writeLock.unlock();
    }
  return Resources.none();
}
```

FSAppAttempt.assignContainer 方法会对请求进行尝试性分配，分配时根据请求对本地性的要求来判断是否可以分配。如果本地性的要求是 NODE_LOCAL，就尝试在本节点分配；如果无法在本节点分配，就判断一下本地性要求是否支持降级，如果支持，则可以将 NODE_LOCAL 降级为 RACK_LOCAL，然后尝试进行分配；如果依然无法分配并且支持再次降级，则可以将 RACK_LOCAL 降级为 ANY，并进行分配。

FSAppAttempt 方法在分配时会通过 hasContainerForNode 方法校验该请求是否可以在本节点分配，如果可以，则按照本地性的要求进行校验分配。在实际分配时，如果节点空闲资源不够，则触发预留机制。hasContainerForNode 方法的代码如下：

```
private boolean hasContainerForNode(SchedulerRequestKey key,
  FSSchedulerNode node) {
  // ...
  boolean ret = true;
  if (!(// 有 ANY 级别的请求
    hasRequestForOffswitch &&
    // 支持降级到 ANY 级别或者有 RACK_LOCAL 级别的请求
    (appSchedulingInfo.canDelayTo(key, ResourceRequest.ANY) ||
    (hasRequestForRack)) &&
    // 没有 RACK_LOCAL 级别的请求或者支持降级到 RACK_LOCAL 级别请求
    // 有 NODE_LOCAL 级别的请求
    (!hasRequestForRack || appSchedulingInfo.canDelayTo(key,
    node.getRackName()) || (hasRequestForNode)) &&
    // 请求的资源小于节点的资源总量
    Resources.fitsIn(resource,
    node.getRMNode().getTotalCapability())))) {
      ret = false;
    // 超过了队列的资源上限
  } else if (!getQueue().fitsInMaxShare(resource)) {
  updateAMDiagnosticMsg(resource,
    " exceeds current queue or its parents maximum resource
    allowed). " +
    "Max share of queue: " + getQueue().getMaxShare());

    ret = false;
  }
  return ret;
}
```

由上述代码可知，hasContainerForNode 方法在判断节点是否有资源可分配时，不仅会判断请求的资源是否可以满足条件（相关代码为 Resources.fitsIn(resource,node.getRMNode().getTotalCapability()和 getQueue().fitsInMaxShare(resource)），还会判断资源请求是否只能在该节点进行资源分配。

Fair 调度器通过创建不同的队列并设置适当的属性，可以更精细地控制应用在集群上的运行方式，不仅使我们用起来更加灵活、方便，而且还能很好地权衡各个应用获取的资源量，提高集群的吞吐量，是一个比较优秀的调度器。但是面对目前各种场景，比如集群中节点配置不一、特定应用需要被调度到具有特殊配置的节点上等，单一的 Fair 调度器就显得力不从心了，于是就有辅助功能来帮助它完成多场景的调度。下一节就来介绍一下用于增强调度能力的辅助功能。

### 3.4.3   调度扩展

基于前面对调度器的介绍，此时调度器可以保证用户能够在集群中合理地使用资源，但并不能在异构环境中充分利用各个机器的优点，也无法考虑各应用之间在硬件层面的隔离等。这些功能可以通过调度扩展来实现，目前已有的调度扩展包括 Node Label、Node Attribute 和 Placement Constraint。由于 Apache 版本的 YARN 默认使用的是 Capacity 调度器，所以这些调度扩展默认支持 Capacity 调度器。这里也从 Capacity 调度器展开介绍。

#### 1. Node Label

Node Label 将具有相同标签的节点划分成一组来对其资源进行特定调度。例如，集群中有一部分机器是 GPU，则可以设置此类机器的标签为 GPU，之后当有应用指定需要 GPU 时，就将 container 分配到这些机器上。

Node Label 的值是字符串，可以任意指定，默认是空字符串。Node label 是在 2.6 版本之后被引入的，目前在 Capacity 调度器中已经比较成熟，也被广泛使用，不足之处是 Apache 版本的 Fair 调度器目前并不支持它，但社区已有相关补丁，感兴趣的可以关注一下。

Node Label 标记的其实是资源，这些资源会绑定到上层队列，由调度器根据 container 的请求进行调度。因此，可以根据请求灵活配置每个队列所能使用的特定标签的资源量和每个队列所能使用的标签。这些带有标签的资源也可以与其他资源进行共享，共享方式有两种，分别为 Exclusive 和 Non-exclusive。

- ❏ Exclusive：只会将请求对应标签的 container 分配到具有该标签的节点上。即使节点资源空闲，也不能将资源分配给请求其他标签的 container。
- ❏ Non-exclusive：当标签节点资源空闲时，可以将节点资源共享给没有指定标签的 container，也就是默认标签的 container。

一个节点只能有一个标签，因此只能属于一个组，而未指定标签的节点则会被划分到默认组中。当一个普通应用（未明确指定标签）提交时，会优先被分配到默认组中的节点上。如果标签的共享方式是 Non-exclusive，空闲资源也会分配给普通应用，但是当有该标签的资源请求时，会优先抢占分配给普通应用的资源。Node Label 虽然丰富了调度的维度，但是依然有如下一些局限性。

- 每个节点只能有一个标签，不足以体现节点的特性。
- 各个标签组没有交集。
- 与资源强绑定。
- 表现方式单一。

在 Hadoop 3.0 中，对 YARN 的更新主要集中在提升资源利用率方面，于是新增了 Node Attribute 和 Placement Constraint，以对 Node Label 进行补充。

### 2. Node Attribute

Node Attribute 描述了节点的属性，它可以是多维的，是与节点关联的非有形资源，并不会像 Node Label 那样有任何有形资源的保证。它只是用来帮助应用选择理想的节点去启动 container，这个理想的节点是通过 Node Attribute 表达式描述的。

Node Attribute 由键值对组成，其中值未来会支持多种数据类型，目前只支持字符串类型。这里让值支持不同的数据类型是为了便于确定表达式中指定的是哪种操作，从而避免对无效操作进行不必要的调度计算，并利于验证用户的输入是否正确。在匹配目标节点时，可以使用等于和不等于运算符。Node Attribute 作为 Node Label 的升级版，支持一个节点与多个属性进行关联，这样能够更好地从多个维度描述节点，这些维度既可以是软件层面，也可以是硬件层面。例如，软件层面可以标识系统版本或者基础软件版本，硬件层面可以标识 GPU、SSD、内存或者网卡等。当某个应用要求 Java 的版本为 8，并且还要求具有 GPU 和高内存的节点时，通过 Node Attribute 可以轻松搞定，而 Node Label 却不能，因为一个节点只能标识一个 Node Label。

Node Attribute 与 Node Label 的区别不只是一个支持多维一个不支持。由于 Node Attribute 标记的是非有形的资源，因此并不会与上层队列进行绑定。Node Attribute 不与队列绑定，那么节点上的资源就不会专门让某些属性使用，不能保证具有这些属性的应用可以正常使用；而 Node Label 与队列绑定，那么节点上的资源就只有具有该标签的应用才可以使用，可以保证应用的资源供给，不会让其他应用抢占，可以对资源进行隔离。需要注意的是，Node Attribute 的约束虽然不能进行资源隔离，但却是一个硬性限制，即只有在节点满足该约束时才能进行分配。

Node Attribute 只是 Node Label 的升级版，并不能完全将其取代，它们相互补充，共同支撑着 YARN 的多维调度。虽然 Node Attribute 没有与队列绑定，但是也与调度器有着密不可分的关系。Node Attribute 和 Node Label 的更新都需要通知调度器，通过调度事件来触发，对应的事件分别为 NODE_ATTRIBUTES_UPDATE 和 NODE_LABELS_UPDATE。Node Attribute 的架构如图 3-17 所示，它与 Node Label 的架构类似。

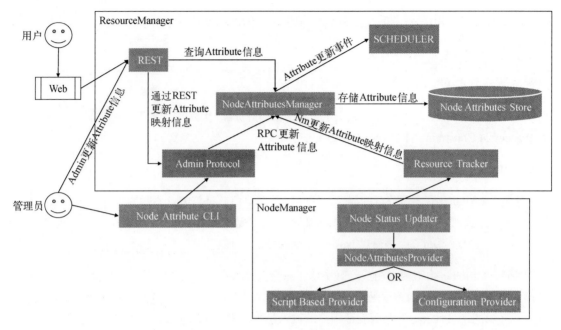

图 3-17　Node Attribute 的架构图

### 3. Placement Constraint

Hadoop 的分布式计算框架之所以高效，其主要原因是计算的本地性，在调度应用时，将所需数据的位置作为一个参考维度。目前已支持的放置策略有数据本地性和 Node Label，但 Placement Constraint 提供了更多的约束表达式。这些约束表达式对于应用的性能和弹性至关重要，尤其是那些需长期运行的应用，例如服务、机器学习和流式计算。

通过 Placement Constraint 能够对 container 进行标记，从而在放置 container 时可以考虑更多的属性，提高任务的运行效率。例如某些 container 之间需要数据共享，此时可以将这些 container 通过 Placement Constraint 放置在同一个节点或者同一服务器机架上以降低网络成本；或者某些 container 之间会有些资源竞争，此时可以通过 Placement Constraint 将它们跨机器部署以减少资源干扰。

Placement Constraint 支持的约束条件有 affinity、anti-affinity 和 cardinality：affinity 表示非互斥关系，即可以同时存在；anti-affinity 表示互斥关系；cardinality 是基数约束，表示一个整数范围。约束条件可以在应用内或者应用之间生效。

在进一步介绍 Placement Constraint 之前，需要先理解一个概念——分配标识（allocation tag）。它在约束表达式中起着非常重要的作用，可以用来标识应用，用来约束 container。container 所属的范围既可以在应用内部，也可以是应用之间。其语法格式如表 3-1 所示。

表 3-1　分配标识的语法格式及其描述

| 命名空间 | 语　法 | 描　述 |
| --- | --- | --- |
| SELF | self/${allocationTag} | 引用当前应用的分配标识。这是默认的命名空间 |
| NOT_SELF | not-self/${allocationTag} | 引用非当前应用的分配标识 |
| ALL | all/${allocationTag} | 引用所有应用的分配标识 |
| APP_ID | app-id/${applicationID}/${allocationTag} | 引用某个应用的分配标识 |
| APP_TAG | app-tag/application_tag_name/${allocationTag} | 引用某个分配标识应用的分配标识 |

分配标识与 Node Label 或者 Node Attribute 是有区别的，后两者描述的都是节点，而前者描述的是分配到节点上的 container。分配标识的表示形式不像 Node Attribute 那样是键值对，而有点像 Node Label 那样，只是一个单纯的字符串，但是 Placement Constraint 的约束表达式既可以是分配标识，也可以是 Node Attribute。

Placement Constraint 表达式由两部分组成。第一部分由键值对组成，表示 container 的分配标识名字和 container 的个数，例如 spark=3，表示 container 的分配标识名字是 spark，个数是 3。第二部分是约束表达式，可以是分配标识类型或者 Node Attribute 类型：如果是分配标识类型，其格式为 in,node,foo,bar；如果是 Node Attribute 类型，其格式为 rm.yarn.io/foo=true。分配标识中具体表达式的含义如下（用 PlacementSpec 表示 Placement Constraints 表达式）：

```
PlacementSpec        => "" | KeyVal:PlacementSpec
KeyVal               => SourceTag=ConstraintExpr
SourceTag            => String
ConstraintExpr       => NumContainers | NumContainers, Constraint
Constraint           => SingleConstraint | CompositeConstraint
SingleConstraint     => "IN",Scope,TargetTag | "NOTIN",Scope,TargetTag
                      | "CARDINALITY",Scope,TargetTag,MinCard,MaxCard
CompositeConstraint  => AND(ConstraintList) | OR(ConstraintList)
ConstraintList       => Constraint | Constraint:ConstraintList
NumContainers        => int
Scope                => "NODE" | "RACK"
TargetTag            => String
MinCard              => int
MaxCard              => int
```

例如，某个 PlacementSpec 是 zk=3,NOTIN,NODE,zk:hbase=5,IN,RACK,zk:spark=7,CARDINALITY,NODE,hbase,1,3，这里表示 3 个约束。

❏ zk=3 表示启动 3 个 container，它们的分配标识名字是 zk。NOTIN,NODE,zk 表示与分配标识名字是 zk 的 container 不在同一节点。

❑ hbase=5 表示启动 5 个 container，它们的分配标识名字是 hbase。IN,RACK,zk 表示与分配标识名字是 zk 的 container 在同一机架。

❑ spark=7 表示启动 7 个 container，它们的分配标识名字是 spark。CARDINALITY,NODE, hbase,1,3 表示这些 container 所在的节点上最少有一个分配标识名字是 hbase 的 container，但是分配标识名字为 hbase 的 container 最多不能超过 3 个。

应用在使用 Placement Constraint 时，无须了解集群的底层拓扑结构或者其他应用的运行情况，只需记住这些约束条件是硬性条件即可，只有满足约束条件时 container 才能运行。Placement Constraint、Node Attribute 以及 Node Label 都可在调度器执行资源分配时进行校验，这些特性在目前的 Apache 版本中只支持 Capacity 调度器。Placement Constraint 整个链路的调用流程如图 3-18 所示。

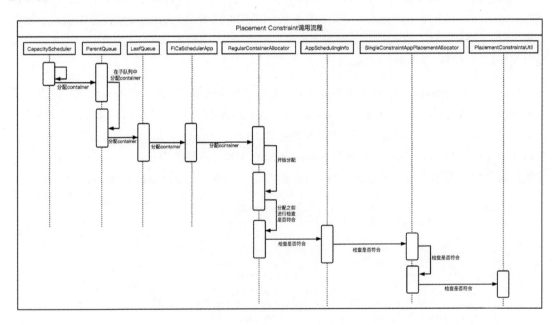

图 3-18    Placement Constraint 整个链路的调用流程

Node Label、Node Attribute 和 Placement Constraint 共同实现调度扩展，在判断节点是否可以放置请求时，需要判断 Node Label、Node Attribute 和分配标识。首先判断 Node Label，它与上层队列绑定，在遍历队列时调用 accessibleToPartition 方法检查访问权限（每个队列都会检查，包括父队列和叶子队列），校验通过之后对队列内的请求排序，根据排序结果选择一个具有该 Node Label 请求的应用进行调度。该资源请求能否分配在当前节点，还需要继续校验，这时的校验内容是判断该节点是否符合请求中关于 Node Label、Node Attribute 和分配标识的要求，代码逻辑在 SingleConstraintAppPlacementAllocator.precheckNode 方法中。

先来看下判断队列是否有访问 Node Label 权限的代码，如下：

```
public boolean accessibleToPartition(String nodePartition) {
  // 如果队列的标签是*，则表示可以访问任意节点
  if (accessibleLabels != null
    && accessibleLabels.contains(RMNodeLabelsManager.ANY)) {
      return true;
  }
  // 如果某个节点没有标签，则任意队列都可访问它
  if (nodePartition == null
    || nodePartition.equals(RMNodeLabelsManager.NO_LABEL)) {
      return true;
  }
  // 如果队列包含一个节点的标签，则有访问该节点的权限
  if (accessibleLabels != null &&
    accessibleLabels.contains(nodePartition)) {
      return true;
  }
  return false;
}
```

判断是否有访问节点的权限之后，要继续判断是否可以放置请求，此时先要判断 Node Label、Node Attribute 和分配标识。首先判断 Node Label，先检查标签的共享模式，然后看匹配字符串是否相同，相关代码为：

```
public boolean precheckNode(SchedulerNode schedulerNode,
  SchedulingMode schedulingMode) {
  // 根据调度模式和 Node Label 为变量 nodePartitionToLookAt 赋值
  String nodePartitionToLookAt;
  if (schedulingMode ==
    SchedulingMode.RESPECT_PARTITION_EXCLUSIVITY) {
      nodePartitionToLookAt = schedulerNode.getPartition();
  } else{
    // 如果 Node Label 是共享模式的话，只能与 NO_LABEL 共享资源
    nodePartitionToLookAt = RMNodeLabelsManager.NO_LABEL;
  }
  readLock.lock();
  try {
    // Node Label 相同并且 Node Attributes 和分配标识都符合，才返回 true
    return this.targetNodePartition.equals(nodePartitionToLookAt)
      && checkCardinalityAndPending(schedulerNode);
  } finally {
    readLock.unlock();
  }
}
```

Node Attribute 和分配标识底层复用了一些 API，是通过 checkCardinalityAndPending 调用 PlacementConstraintsUtil 类的 canSatisfyConstraints 方法来检查的，最终 Node Attribute 表达式是通过 canSatisfyNodeConstraintExpression 方法校验是否匹配的，分配标识表达式是通过 canSatisfySingleConstraintExpression 方法校验是否匹配的。

`canSatisfyConstraints` 的入口代码如下：

```
private static boolean canSatisfyConstraints(ApplicationId appId,
  PlacementConstraint constraint, SchedulerNode node,
  AllocationTagsManager atm)
  throws InvalidAllocationTagsQueryException {
  ...
  // 如果这是一个约束条件，将其转换为 SingleConstraint
  SingleConstraintTransformer singleTransformer =
    new SingleConstraintTransformer(constraint);
  constraint = singleTransformer.transform();
  AbstractConstraint sConstraintExpr =
    constraint.getConstraintExpr();
  // 根据约束表达式的类型进行校验
  if (sConstraintExpr instanceof SingleConstraint) {
    SingleConstraint single = (SingleConstraint) sConstraintExpr;
    return canSatisfySingleConstraint(appId, single, node, atm);
  } else if (sConstraintExpr instanceof And) {
    And and = (And) sConstraintExpr;
    // canSatisfyAndConstraint 方法中会遍历调用 canSatisfyConstraints 方法
    // 检查是否都满足
    return canSatisfyAndConstraint(appId, and, node, atm);
  } else if (sConstraintExpr instanceof Or) {
    Or or = (Or) sConstraintExpr;
    // canSatisfyOrConstraint 方法中会遍历调用 canSatisfyConstraints 方法
    // 检查是否存在可以满足的表达式
    return canSatisfyOrConstraint(appId, or, node, atm);
  } else {
    throw new InvalidAllocationTagsQueryException(
      "Unsupported type of constraint: "
      + sConstraintExpr.getClass().getSimpleName());
  }
}
```

`canSatisfyConstraints` 方法将 `PlacementConstraint` 转换为 `SingleConstraint`，并提取出约束表达式，然后根据具体的表达式进行校验，这里还支持与、或运算。

## 3.5　分布式调度器

上一节介绍了 Capacity 调度器、Fair 调度器以及一些调度扩展辅助功能，这些其实可以归属为中央调度器，因为它们都是由 ResourceManager 中的调度器完成的。这种实现方式使 ResourceManager 具有全局视角，使它在对不同应用制订高质量的分配策略的同时，也能兼顾集群负载均衡和本地约束性。因此，中央调度器成为整个资源分配的关键路径。同时，这也导致一些性能瓶颈，例如调度延迟以及资源利用不充分。

本节介绍一下 YARN 新引入的分布式调度器机制。分布式调度器是指存在多个调度器，这些调度器相互独立，各自进行调度，将任务调度到目标机器上运行。YARN 的分布式调度器是在集群中的每个节点各启动一个调度器，这样可以辅助中央调度器，从而缓解调度延迟带来的压力，提高调度吞吐量，为 YARN 提供可拓展的高效调度。

目前，分布式调度器的一种实现是机会调度，它在 YARN 中新增一种 opportunistic container 类型，主要是为了与原来已存在的由中央调度器分配的类型 guaranteed container 进行区分。guaranteed container 只有在节点有未分配的资源时，才由中央调度器进行调度，而 opportunistic container 则是由分布式调度器进行调度分配的。分布式调度器会在集群中的每个节点上各启动一个调度服务，当节点上的分布式调度服务收到 opportunistic container 请求时，即使目标节点并不能马上启动 container 容器，它也会立即对其进行调度。NodeManager 在接收启动 opportunistic container 的请求时，如果资源不可用，会先将其放入一个队列中。opportunistic container 并不是只能通过分布式调度器进行调度，也可以使用中央调度器进行调度。

### 3.5.1　分布式调度器的架构

分布式调度器的架构如图 3-19 所示，它是在原有 YARN 架构的基础上进行扩展的，它会在 NodeManager 上新增一个本地调度服务，暂时称为 localRM。此时当 ApplicationMaster 请求资源时，并不会直接与 ResourceManager 进行通信，而是直接与当前节点的 localRM 进行通信，然后由 localRM 根据 ApplicationMaster 请求资源的类型来决定是直接将请求转发给 ResourceManager 进行中央调度，还是作为分布式调度器直接调度到对应的目标节点上。

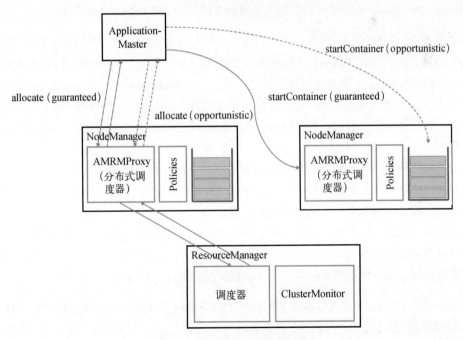

图 3-19　分布式调度器的架构

NodeManager在本地新增的localRM服务其实就是AMRMProxy,它实现了ApplicationMaster-Protocol 协议,会拦截 ApplicationMaster 向 ResourceManager 发出的请求,然后使用注册的拦截器对此请求进行处理。分布式调度器是作为一个拦截器类 DistributedScheduler 注册到 AMRMProxy 的, DistributedScheduler 会根据请求 container 的类型判断是否先进行机会调度。NodeManager 还会扩展一个队列,用于存放 opportunistic container 的启动请求。因为分布式调度器有可能与中央调度器冲突,这样就不能保证到达该节点的 opportunistic container 请求都可以立马执行,这时需要有个队列存放这些请求,等待有机会的时候再执行。

在进行分布式调度时,依然要获取一些全局信息,比如各个节点上队列中 container 的分布情况等,这就必然需要一个中央服务,这个中央服务就是ResourceManager中的 Opportunistic-ContainerAllocatorAMService。每个 NodeManager 在向 ResourceManager 发送心跳时,会附加上 opportunistic container 的信息,包括正在运行的 opportunistic container 和队列中 opportunistic container 的个数。ResourceManager此时就会拥有所有节点上关于 opportunistic container 的信息,也就可以为分布式调度提供一些全局信息,比如帮助分布式调度器找到负载最低的目标节点的信息。

### 3.5.2　opportunistic container

opportunistic container 主要是为了解决中央调度器目前存在的两个关键问题。

- ❑ 状态反馈不及时:当节点上的 container 运行结束之后,其状态并不能马上通知给 ResourceManager,ResourceManager 需要等到下次心跳时才能得到该 container 的状态,并将新的 container 请求分配到该节点,最后 ApplicationMaster 通过与 ResourceManager 之间的心跳拿到分配结果,在指定的节点上启动 container。整个流程中存在心跳等待,会导致状态更新不及时,使 ResourceManager 不能及时获取集群状态,从而影响资源利用率。

- ❑ 资源利用不足:两种情况会导致资源利用不足。第一种是中央调度器计算节点资源状态时的依据是已分配的资源量,但是已分配的资源量并不能代表 container 实际使用的资源量,这就容易导致节点上已分配的资源量已经达到资源总量,但实际上依然有一些可用的资源。例如,某个 container 分配了 4GB 的内存,实际只使用了 2GB,那么在节点上依然有 2GB 的内存空余,但在中央调度器看来,这剩下的 2GB 内存已经分配出去了,不能再次分配。另一种是状态反馈不及时导致资源没有被及时分配。

opportunistic container 之所以能在某种程度上解决这两个关键问题,首先是因为它并不是等节点有未分配的资源之后才进行调度,而是直接分配到节点,如果当时节点没有可用资源,则放入队列中等待,如果有可用资源,则直接运行;其次是因为它支持分布式调度,能提高调度的吞吐量。为了避免与中央调度器分配的 guaranteed container 发生资源冲突，设置 opportunistic container 的优先级低于 guaranteed container，使其能够在和 guaranteed container 发生冲突时进行抢占。

opportunistic container 在分布式调度时需要借助 NodeManager 上的一个 localRM 服务，服务名为 AMRMProxy，该服务会作为 ResourceManager 的本地代理，强制让 ApplicationMaster 把发送给 ResourceManager 的请求发送到 AMRMProxy，然后使用注册到 AMRMProxy 的一系列拦截器对请求进行处理。opportunistic container 请求是由其中的 `DistributedScheduler` 拦截器进行处理的，它负责根据 container 的类型进行分配。当有 opportunistic 类型的 container 时，无须与 ResourceManager 进行通信，就可直接调用 `OpportunisticContainerAllocator` 对其进行分配。这种设计使得 AMRMProxy 作为一个公共的服务，可以适应更多的场景。AMRMProxy 也是 YARN Federation 的一个核心服务。至于其他场景，也可以通过注册对应的拦截器来实现。

opportunistic container 的调度方式除了分布式调度外，还可以是中央调度。如果是中央调度的话，它就与正常的 guaranteed container 差不多。无论是分布式调度还是中央调度，在 ResourceManager 中都会新增一个服务 `OpportunisticContainerAllocatorAMService`，该服务继承自 `ApplicationMasterService`。中央调度与分布式调度的区别在于区分 opportunistic container 和 guaranteed container 的逻辑是发生在 ResourceManager 还是本地节点：如果发生在 ResourceManager，则由 `OpportunisticContainerAllocatorAMService` 来区分；如果发生在本地节点，则由 `DistributedScheduler` 来区分。

无论是分布式调度还是中央调度，都需要考虑如何选择节点和节点之间的负载均衡问题，这就需要节点在调度时能拿到集群中所有节点的调度信息。又由于各节点之间并不会通信，因此需要一个中心化的服务，而 ResourceManager 就是一个不错的选择。每个 NodeManager 通过与 ResourceManager 的心跳将节点上正在运行的和在等待队列中的 opportunistic container 数汇报给它，随后 ResourceManager 就可以根据策略计算出哪些节点是可调度的节点，从而在调度 opportunistic container 时就可以使用，避免了某些节点负载过高。

## 3.6 YARN Shared Cache

YARN Shared Cache 是一种在应用之间共享本地资源的服务，主要用来节省带宽，缩短应用的启动时间。它与 MapReduce 的分布式缓存相类似，区别在于分布式缓存是在一个应用内的 container 之间共享本地资源，这些资源随着应用的结束而被删除；而 YARN Shared Cache 使应用可以使用其他应用的资源或者使用该应用先前本地化的资源。更重要的是，分布式缓存只是为 MapReduce 提供缓存服务，而 YARN Shared Cache 更通用，可以为所有运行在 YARN 上的应用提供服务，目前已完全支持 MapReduce。

YARN Shared Cache 作为一个独立的服务，可以运行在集群中的任一节点上。之所以要单独出这样一个新服务，主要出于对以下四点的考虑。

- □ **可扩展性**。因为 YARN Shared Cache 要为运行在 YARN 上的所有应用提供服务，所以必须可以缓存大量文件，而且不能给 NameNode 或者 ResourceManager 带来负载方面的影响。
- □ **安全性**。必须保证 YARN Shared Cache 里的资源不会被篡改，这样提交资源的用户才能相信内容的完整性。
- □ **容错性**。容错性主要包括两方面：一方面是当 YARN Shared Cache 服务不可用时，应用能不受影响，继续正常运行；另一方面是 YARN Shared Cache 需要容忍 YARN 客户端的故障，例如 YARN Shared Cache 不应该假设应用能够正确清除它们的资源。
- □ **透明性**。YARN Shared Cache 的管理应该对现有的 MapReduce 作业以及新的 YARN 应用透明。

## 3.6.1　资源本地化

由于在 YARN 上运行的应用都是分布式的，由 YARN 客户端提交，也就是说只有 YARN 客户端才拥有应用运行时依赖的资源，因此要想让 YARN 集群中的任一节点都能运行此应用以进行分布式计算，就必须将该应用依赖的资源同步到各个目标节点，这个过程就是资源本地化（LocalResource）。应用在 YARN 上的运行流程如图 3-20 所示。

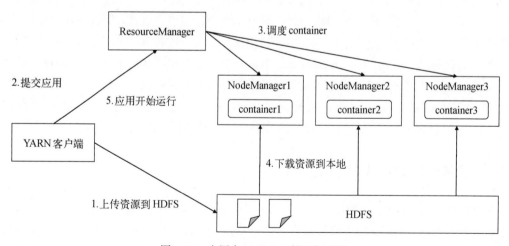

图 3-20　应用在 YARN 上的运行流程

如图 3-20 所示，应用在 YARN 上运行的第 1 步是 YARN 客户端将应用运行时依赖的资源上传到 HDFS；第 2 步是 YARN 客户端向 ResourceManager 提交应用；第 3 步调度 container 到 NodeManager 进行资源分配；第 4 步是 NodeManager 从 HDFS 上下载应用运行时依赖的资源，构建 container 运行时的环境，然后启动 container；第 5 步是应用进行分布式运行。

如果图 3-20 中的应用需要运行多次，则上述流程也会被执行多次，但其中有些流程并非每次都需要执行，尤其是第 1 步和第 4 步，一方面是这两步会消耗带宽和时间，另一方面是这两步不需要每次都执行。换言之，当两个应用运行时依赖的资源一样时，这些资源就会被重复上传和下载。综上所述，如果这些资源能被缓存到本地以供其他应用使用，将为集群节省一些带宽，并缩短应用的启动时间。Shared Cache 就是将可以共享的资源缓存下来，并且为应用提供可靠、安全和透明的使用体验。

### 3.6.2   Shared Cache 的架构

Shared Cache 主要由 4 部分组成，分别为 Shared Cache 客户端、Shared Cache Manager（简称 SCM）、Shared Cache Directory 和 Shared Cache Uploader，如图 3-21 所示。

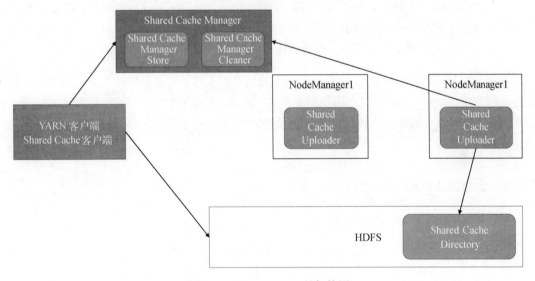

图 3-21   Shared Cache 的架构图

❏ Shared Cache 客户端。它是应用与 Shared Cache Manager 进行交互的接口，负责计算应用运行时依赖资源的检验和，并通过 RPC 查询 Shared Cache Manager 中是否存在这些资源：如果存在，则返回 HDFS 路径；如果不存在，则返回 NULL。

❏ Shared Cache Manager。Shared Cache Manager 是 Shared Cache 服务的主要组件，是一个单独服务，可以部署在集群中的任一节点上，它的启动、停止甚至升级都不会影响 YARN 中的其他组件。它主要负责与客户端进行通信，以确定哪些资源需要缓存，哪些资源需要删除。它由两个组件组成，分别为后台存储服务 Shared Cache Manager Store 和清除服务 Shared Cache Manager Cleaner。Shared Cache Manager Store 用于管理和持久化缓存资源的元数据信息，例如资源的最后访问时间和资源被使用的应用列表。这些元数据信息与 NameNode 的元数据信息类似，它们都存储在内存中，且在服务重启时都会被重建。Shared Cache Manager Cleaner 用于管理 Shared Cache Directory 中的资源，如果某个资源不会再被使用，它就会将该资源删除，还会定期扫描缓存中的资源，将那些超过时间限制并且当前没有应用正在使用的资源删除。

❑ **Shared Cache Directory**。缓存资源的存放位置，其中所有的数据都具有全局可读性，这些数据的安全性是通过 HDFS 权限来保证的，只有受信任的用户才具有写权限。只有 Shared Cache Manager 和 Shared Cache Uploader 可以修改它，每个资源都放在与其检验和相关的子目录中。

❑ **Shared Cache Uploader**。它运行在 NodeManager 中，给 Shared Cache 添加资源。其流程为先检验资源的检验和，然后向 HDFS 上传资源，最后通知 Shared Cache Manager 资源已上传。需要注意的是，整个流程是异步的，并不会阻塞应用的启动流程，而且也不会对正在运行的应用有任何影响。一旦资源上传成功，NodeManager 就可以利用资源本地化机制来标识这些资源的可见性，以达到在应用之间共享资源的目的。

如果你对 YARN 比较熟悉，可能已经想到使用资源本地化机制也可以实现应用之间的资源共享，但是这需要用户来控制哪些资源需要共享、哪些资源需要删除，用户的使用成本较高，而且不通用。YARN Shared Cache 就是一个折中的解决方案，它是利用分布式缓存与资源本地化实现的。

### 3.6.3　Shared Cache 实例

应用使用 Shared Cache 的关键步骤如下。

(1) YARN 客户端调用 Shared Cache 客户端计算资源的检验和。

(2) Shared Cache 客户端调用 `use(checksum, appId)` 询问 Shared Cache Manager 是否有资源。

    a. 如果该资源已缓存，则 Shared Cache Manager 返回其在缓存中的地址。在接下来的任务提交过程中使用该地址，转到第(5)步。

    b. 如果没有被缓存，则 Shared Cache Manager 返回 `NULL`，转到第(3)步。

(3) 将资源上传到 HDFS 中，这个上传机制是由应用指定的。例如，在 MapReduce 中，这个资源会上传到一个临时目录中。

(4) 当需要创建一个本地化资源时，设置缓存该资源的策略。例如，如果设置为 `true`，则上传到缓存中。需要注意的是,由哪个 container 负责上传资源是由开发者决定的,比如在 MapReduce 中是由 MRAppMaster 负责将资源上传到缓存中, 其他 container 并不会上传。

(5) 使用第(2)步中的 a 或者第(3)步中的地址继续提交应用。

(6) 这一步是可选的。当应用结束时, 调用 `release(checksum, appId)` 通知 Shared Cache Manager 不再使用该资源。

下面举个例子实际感受一下 Shared Cache 的作用。这是一个比较简单的 wordcount 例子, 使用 `-files` 参数指定依赖的资源, 实际并没有使用任何依赖资源, 但这并不妨碍资源共享和展示 Shared Cache 的效果。

在不开启 Shared Cache 时, `-files` 参数指定的资源只能在应用之内共享, 重复运行多次会下载多次, 运行两次后的目录结构为:

```
|-- filecache
|-- nmPrivate
`-- usercache
   `-- work
      |-- appcache
       `-- filecache
       |-- 10
       | `-- hadoop.out
       `-- 11
         `-- hadoop.out
```

开启 Shared Cache 之后, 资源的可见性为 Public, 可以在应用之间共享, 并不会随着应用的结束而被删除, 其目录结构为:

```
|-- filecache
| `-- 10
|     `-- hadoop.out
|-- nmPrivate
`-- usercache
   `-- work
      |-- appcache
      `-- filecache
```

运行结束之后, 在 HDFS 中的 Shared Cache 缓存目录也会存在一份 hadoop.out 文件, 再次运行该应用或者其他依赖此文件的应用时, 不但不会再次下载而且在客户端也不会再次上传此文件, 而是直接使用 Shared Cache 中的路径进行提交, container 则直接使用 NodeManager 中已存在的资源。Shared Cache 还提供了页面可以方便地查看缓存使用的效果, 地址是 `ip:prot`, 默认端口号是 8788, 页面如图 3-22 所示。页面中展示缓存相关的信息, 包括缓存命中的次数以及失败的次数, 方便管理员查看 Shared Cache 的使用效果。

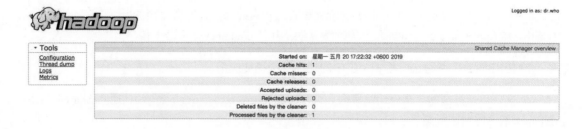

图 3-22    Shared Cache Web 页面

## 3.7    小结

本章主要介绍了 YARN 的核心功能以及新增功能，掌握了这些新增功能的作用之后，你会发现它们都有一个共同的目标，那就是丰富 YARN 的调度场景，提升资源的利用率，使 YARN 更完善，逐步巩固其在大数据领域中的地位。

# 第 4 章

# Application on YARN

YARN 脱胎于 MapReduce 1.0，而 MapReduce 2.0 又作为 YARN 的示例应用，在离线统计领域有着不可或缺的地位。本章介绍了 MapReduce 的原理，并以 MapReduce 为例介绍了如何将应用运行在 YARN 上，以及非 Hadoop 系列的应用如何兼容 YARN 模式。

本章包含 4 节，4.1 节简要介绍 MapReduce，是一些基础内容；4.2 节从源码层次对 MapReduce 的各个阶段进行详细剖析；4.3 节介绍 MapReduce 作为 YARN 的示例应用是如何运行在 YARN 上的；4.4 节以 Spark on YARN 为例介绍非 Hadoop 系列的其他应用是如何兼容 YARN 模式的。

## 4.1 MapReduce 的简介

MapReduce 是一种分布式并行计算模型，其核心思想是借鉴分而治之的思想将计算任务切分为 $n$ 个独立的小任务，并利用 HDFS 分布式存储的特性，尽可能地在 DataNode 上并行执行计算过程。为了提高模型的通用性，MapReduce 将整个计算任务分为了 Map 和 Reduce 两个任务，其中 Map 任务从原始数据集中读取对应分片的数据并对此数据进行指定的逻辑处理，然后生成键值对形式的中间结果并将该结果写入本地磁盘，Reduce 任务从 Map 任务输出的中间结果中读取相应的键值对进行聚合处理，最终输出结果。

MapReduce 凭借其强大的并行计算能力和本地优先计算性，非常适合分析处理大规模数据。一个完整的 MapReduce 作业由 $n$ 个 Map 任务和 $m$ 个 Reduce 任务组成，出于对性能优化的考虑，使 $n > m$（$m \geq 0$），并且对于某些特定的场景来说，可以在 Map 任务中使用 Map 端合并（combiner）进行优化以减少该任务的输出数据。至于 Reduce 任务要读取哪些数据是由 Map 任务的分区策略决定的，默认的分区策略是散列策略，读者也可以自定义。

MapReduce 作业的并行计算过程是先将待处理的数据切分为 $n$ 个独立的数据集，然后分别交由 $n$ 个 Map 任务进行计算，将计算结果进行分区排序之后持久化到 Map 任务所在机器磁盘，之后由 Reduce 任务读取 Map 任务的输出结果并进行聚合计算。Map 任务的个数由待处理的原始数据决定，决定因子有文件个数、每个文件的大小和文件分片大小。Reduce 任务的个数则是明确指定的，可以有 0 个或者 $m$ 个，$m$ 的个数最好小于 $n$，这样可以避免一些资源的浪费。MapReduce 作业可以容忍 Map 任务或者 Reduce 任务失败，针对运行失败的任务会进行重试，而且为了避免出现木桶效应，可以开启推测执行机制，即针对运行时间比平均时间慢的任务再启动一个运行实例，等某个运行实例任务运行结束之后将其他任务杀掉，避免因为某个任务运行时间较长而延长整个作业的执行时间。

MapReduce 不仅大大降低了分布式并行计算的门槛，而且其流程设计也极其简单，可使初学者易学易懂、快速上手。MapReduce 的流程图如图 4-1 所示。

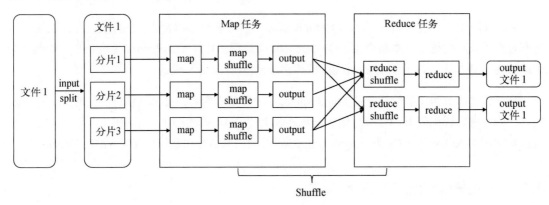

图 4-1　MapReduce 流程图

由图 4-1 可知，MapReduce 是一个线性的流程，而且算子较少，并不能友好地处理复杂的逻辑计算尤其是迭代类型的计算，但是这并不影响其在离线数据处理中的重要性，掌握其原理以及内部的详细流程依然很有必要。整个流程中最为重要的是 Shuffle 部分，此部分也是调优的重点方向，再者就是 InputSplit，了解此部分的切分原则可以更好地把控 Map 任务的个数，避免启动太多的 Map 任务造成网络和内存资源的浪费。具体流程的细节将在下一节中介绍。

## 4.2　MapReduce 的源码分析

本节将从源码的角度详细介绍下 MapReduce 流程中的各阶段。MapReduce 分为 Map 任务和 Reduce 任务两个大流程，而 Map 任务具体的细节又由是否存在 Reduce 任务决定。Map 任务的具体执行逻辑在 MapTask 类中，其代码如下：

```
// MapTask.run 函数
public void run(final JobConf job, final TaskUmbilicalProtocol
    umbilical)
```

```
throws IOException, ClassNotFoundException, InterruptedException {
  if (isMapTask()) {
    // 如果没有 Reduce 任务，则 Map 任务处理完之后直接输出结果
    if (conf.getNumReduceTasks() == 0) {
      mapPhase = getProgress().addPhase("map", 1.0f);
    } else {
      // 如果有 Reduce 任务，则在 Map 任务中增加排序阶段
      mapPhase = getProgress().addPhase("map", 0.667f);
      sortPhase = getProgress().addPhase("sort", 0.333f);
    }
  }
  // 根据新旧 API 执行不同函数
  if (useNewApi) {
    runNewMapper(job, splitMetaInfo, umbilical, reporter);
  } else {
    runOldMapper(job, splitMetaInfo, umbilical, reporter);
  }
  done(umbilical, reporter);
}
```

如果没有 Reduce 任务，Map 任务由 InputSplit、map（用户自定义的函数）和 output 阶段组成；如果有 Reduce 任务，Map 任务由 InputSplit、map、partitioner、buffer（快速排序）、spill、merge 和 output 阶段组成，此时它的流程就比较复杂，其中新增的流程主要是为了让 Reduce 任务能够快速地定位属于自己的那部分数据。Map 任务结束之后，Reduce 任务开始执行，它先通过 HTTP 将数据从 Map 任务中拉过来，这个过程称为复制；然后再对这些数据进行排序分组，这个过程称为排序；最后就是由用户自定义的 reduce 函数处理数据并输出。

### 4.2.1　InputSplit

InputSplit 其实发生在 MapReduce 作业的提交阶段，主要负责切分输入数据，将输入数据通过一定的规则切分为 $n$ 个分片，然后交由对应的 Map 任务进行处理。在切分时，会根据不同的数据存储格式选择对应的格式化格式，然后将作业的信息传入到 getSplits 方法进行分片划分。将作业作为参数传入到函数中，说明切分操作的相关参照值是以作业为单位的，可以针对不同的作业单独设置，不仅提高了灵活性也更利于对作业进行单独优化。获取分片信息的代码如下：

```
private <T extends InputSplit> int writeNewSplits(JobContext job,
  Path jobSubmitDir) throws IOException,
  InterruptedException, ClassNotFoundException {
  Configuration conf = job.getConfiguration();
  // 创建一个 InputFormat，用于指定文件的格式化格式，默认是
  // FileInputFormat
  InputFormat<?, ?> input =
    ReflectionUtils.newInstance(job.getInputFormatClass(), conf);
  // 从 JobContext 中的 INPUT_DIR 中拿到文件，然后根据 splitSize 对文件
  // 进行切分
  List<InputSplit> splits = input.getSplits(job);
  T[] array = (T[]) splits.toArray(new InputSplit[splits.size()]);
```

```
    // 对分片进行排序，按照分片的大小进行逆序排序，先处理大的
    Arrays.sort(array, new SplitComparator());
    // 将分片信息固化到文件中
    JobSplitWriter.createSplitFiles(jobSubmitDir, conf,
      jobSubmitDir.getFileSystem(conf), array);
    return array.length;
}
```

writeNewSplits 方法先根据作业设置的 InputFormat 实例化输入数据，然后对输入数据进行切分。具体根据什么样的规则对输入数据进行切分是在 getSplits 方法中实现的，切分逻辑是将输入数据按照 splitSize 的大小切分为 $n$ 等份，如果最后一块数据不足一整份且小于 splitSize 的 10%，就将其归入前一份分片中，否则新建一个分片。此时 splitSize 就成了分片的核心，它是由 minSize、maxSize 和 blockSize 决定的。如果 minSize 和 maxSize 都是默认值，那么 splitSize 就是集群设置的数据块大小 blockSize，所以也有人认为 Map 任务的个数是由文件的数据块个数决定的。计算 splitSize 的核心代码为：

```
// minSize 由 mapreduce.input.fileinputformat.split.minsize 配置决定
// maxSize 由 mapreduce.input.fileinputformat.split.maxsize 配置决定
protected long computeSplitSize(long blockSize, long minSize,
  long maxSize) {
    return Math.max(minSize, Math.min(maxSize, blockSize));
}
```

由上述代码可知，splitSize 就是在 minSize、maxSize 和 blockSize 中找一个最值，具体的计算逻辑为 max(minSize,Math.min(maxSize,blockSize))。此时如果 Map 任务数过多，可以通过修改 minsize 的值，使其大于 blockSize 来增大 splitSize 的值；如果 Map 任务的处理逻辑较为烦琐，想通过增加其个数的方法来缩短作业的运行时间，则可以通过修改 maxsize 的值，使其小于 blockSize 来减小 splitSize 的值。

**注意**

Map 任务的个数还会受最大 Map 任务个数的控制，具体逻辑如下：

```
LOG.debug("Creating splits at " + jtFs.makeQualified(submitJobDir));
int maps = writeSplits(job, submitJobDir);
conf.setInt(MRJobConfig.NUM_MAPS, maps);
LOG.info("number of splits:" + maps);
// 通过 splitSize 获得分片个数之后，在此检查它是否超过最大 Map 任务个数的限制
int maxMaps = conf.getInt(MRJobConfig.JOB_MAX_MAP,
  MRJobConfig.DEFAULT_JOB_MAX_MAP);
if (maxMaps >= 0 && maxMaps < maps) {
    throw new IllegalArgumentException("The number of map tasks " + maps
      + " exceeded limit " + maxMaps);
}
```

在上述代码中，`writeSplits` 方法获取作业的分片个数后，判断此个数是否超过了最大的 Map 任务个数，如果超过则产生异常并退出执行。

## 4.2.2　环形缓冲区

将切分之后的数据交由各个 Map 任务进行处理，Map 任务中的 map 处理完数据之后先把它们写入内存，然后再将内存中的数据持久化到磁盘。为了提高写入效率和方便排序，处理过的数据并不是被写入到内存的一个简单缓冲区中，而是被写入到环形缓冲区（MapOutputBuffer）中，这种缓冲区可以实现同时写入和写出。可以将环形缓冲区分为两部分，分别是元数据区和数据区，排序时可以直接使用元数据区的数据，从而提高排序效率。环形缓冲区是 Map 任务中一个重要的数据结构，本节将详细介绍它。

环形缓冲区是在 `MapTask.MapOutputBuffer` 中定义的，其核心属性及注释如下：

```
// 存放键值对元数据的 IntBuffer，元数据的存放格式为 int 类型，占 4B
private IntBuffer kvmeta;
// 元数据的起始位置
int kvstart;
int kvend;
int kvindex;
// 分割元数据和键值对内容的标识
// 元数据和键值对内容都存放在同一个环形缓冲区，所以需要分隔开
int equator;
int bufstart;
int bufend;
int bufmark;
int bufindex;
// 记录键值对的结束位置
int bufvoid;
// 存放键值对的 byte 数组，单位是 B，注意与 kvmeta 区分
byte[] kvbuffer;          // main output buffer
private final byte[] b0 = new byte[0];

// 键值对在 kvbuffer 中的地址存放在偏移量为 kvindex 的位置
// 值在 kvmeta 中存放的相对位置
private static final int VALSTART = 0;
// 键在 kvmeta 中存放的相对位置
private static final int KEYSTART = 1;
// partition 信息存放在 kvmeta 中偏移量为 kvindex 的位置
// partition 在 kvmeta 中存放的相对位置
private static final int PARTITION = 2;
// 值的长度在 kvmeta 中存放的相对位置
private static final int VALLEN = 3;
// 一对键值的元数据在 kvmeta 中占用的个数
private static final int NMETA = 4;
// 一对键值的元数据在 kvmeta 中占用的字节数
private static final int METASIZE = NMETA * 4;
```

环形缓冲区中存储的内容分为两部分，一部分是键值对序列化的结果，存储在 kvbuffer 中；另一部分是键值对的元数据信息，存储在 kvmeta 中。kvbuffer 和 kvmeta 其实是同一份内存空间，只是计量方式不同，前者是以 B 为单位，后者是以 int（4B）为单位。其中键值对元数据的存储格式是 int 类型，一个键值对对应一个元数据，元数据由 4 个 int 单元组成，第一个 int 单元存放值的起始位置、第二个 int 单元存放键的起始位置、第三个 int 单元存放分区信息、最后一个 int 单元存放值的长度。

环形缓冲区在初始化时先通过 mapreduce.task.io.sort.mb 设置总空间的大小，默认是 100MB；然后初始化一些索引值，这些索引用于标注元数据和实际数据存储的起止信息；最后设置溢写的阈值，用于检查是否发生溢写，溢写的阈值是一个占总空间的百分比，由 mapreduce.map.sort.spill.percent 控制。其关键代码及注释如下：

```
// sortmb 的单位是 MB，通过左移 20 位将单位转化为 B
int maxMemUsage = sortmb << 20;
// METASIZE 是元数据的长度，元数据由 4 个 int 单元组成，分别为
// VALSTART、KEYSTART、PARTITION、VALLEN，每个 int 占 4B，
// 所以 METASIZE 长度为 16。下面是计算 buffer 中最多有多少字节来存元数据
maxMemUsage -= maxMemUsage % METASIZE;
// 存放键值对序列化结果的数组，以 B 为单位
kvbuffer = new byte[maxMemUsage];
bufvoid = kvbuffer.length;
// 将 kvbuffer 转化为 int 型的 kvmeta，以 int 为单位，也就是 4B
kvmeta = ByteBuffer.wrap(kvbuffer)
    .order(ByteOrder.nativeOrder())
    .asIntBuffer();
// 设置 buf 和 kvmeta 的分界线
setEquator(0);
bufstart = bufend = bufindex = equator;
kvstart = kvend = kvindex;
// kvmeta 中存放元数据实体的最大个数
maxRec = kvmeta.capacity() / NMETA;
// 环形缓冲区溢写时的阈值（不单单是 sortmb 和 spillper 的乘积）
// 更加精确的是 kvbuffer.length 和 spiller 的乘积
softLimit = (int)(kvbuffer.length * spillper);
```

这个由数组构成的数据结构之所以被称为环形缓冲区，源自于 setEquator 和 kvbuffer、kvmeta 的存储方式。setEquator 用于设置 kvbuffer 和 kvmeta 的分界线以及 **kvmeta** 的起始值。kvbuffer 按照索引递增的方向存储数据，kvmeta 则按照索引递减的方向存储数据。当存储空间使用率达到阈值时进行溢写，调用 setEquator 方法重新设置 kvbuffer 与 kvmeta 的分界线，如此反复，使整个数组不存在头和尾，形成一个环形结构。这个环形结构，以 equator 为界，键值对顺时针存储，元数据逆时针存储，存储示意图如图 4-2 所示。setEquator 方法的代码如下：

```
private void setEquator(int pos) {
  equator = pos;
  // 第一个 entry 的末尾位置，即元数据和键值数据的分界线，单位是 B
```

```
final int aligned = pos - (pos % METASIZE);
// 计算时先将其转换为 long 类型，避免 int 类型越界
// 元数据中存放数据的起始位置
kvindex = (int)
  (((long)aligned - METASIZE + kvbuffer.length) % kvbuffer.length) /
    4;
LOG.info("(EQUATOR) " + pos + " kvi " + kvindex +
  "(" + (kvindex * 4) + ")");
}
```

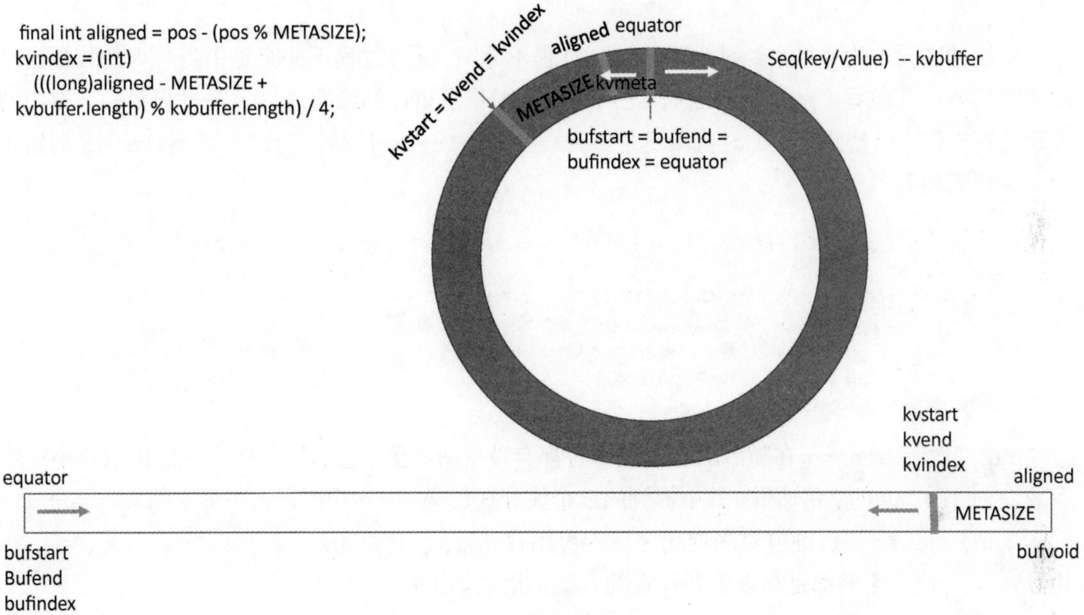

图 4-2 环形缓冲区

当有数据写入环形缓冲区时先判断下是否有可写入的空间，如果有则将键值对按照索引递增写入 kvbuffer 中，将其元数据信息按照索引递减写入 kvmeta 中并移动各自的索引值。数据写入时各索引值移动的代码如下：

```
int keystart = bufindex;
// 将键序列化写入 kvbuffer 中，并移动 bufindex
keySerializer.serialize(key);
// 若键所占空间被 bufvoid 分隔，则移动键，将
// 其值放在连续的空间中便于排序时键的比较
if (bufindex < keystart) {
  bb.shiftBufferedKey();
  keystart = 0;
}
// 将值序列化写入 kvbuffer 中，并移动 bufindex
final int valstart = bufindex;
valSerializer.serialize(value);
...
```

```
// 键值对的元数据信息写入 kvmeta
kvmeta.put(kvindex + PARTITION, partition);
kvmeta.put(kvindex + KEYSTART, keystart);
kvmeta.put(kvindex + VALSTART, valstart);
kvmeta.put(kvindex + VALLEN, distanceTo(valstart, valend));
// 索引递减
kvindex = (kvindex - NMETA + kvmeta.capacity()) % kvmeta.capacity();
```

### 4.2.3　溢写和归并

将缓冲区设置为环形主要是为了使读写过程不冲突，读写过程不冲突是指当写入的数据超过阈值之后就将其溢写（spill）到磁盘，之后有数据时依然可以继续写入。溢写过程由一个专门的线程进行操作，启动此线程的时机由变量 bufferRemaining 控制。bufferRemaining 初始化的关键代码如下：

```
// MAP_SORT_SPILL_PERCENT 由 mapreduce.map.sort.spill.percent 配置项设置
final float spillper =
  job.getFloat(JobContext.MAP_SORT_SPILL_PERCENT, (float)0.8);
// kvbuffer 是 mapreduce.task.io.sort.mb 的 byte 数组
softLimit = (int)(kvbuffer.length * spillper);
// 此变量较为重要，作为溢写的动态衡量标准
bufferRemaining = softLimit;
```

bufferRemaining 在随后的每次溢写时都会被重新赋值，它的值是在三个值中取最小值然后减去 METASIZE 的 2 倍而得。其中提到的三个值分别是 kvmeta 中可以占用的空间 distanceTo(bufend, newPos)、键值对序列化之后的可用存储空间 distanceTo(newPos, serBound) 和 softLimit，它们都是动态重新计算的。赋值语句如下：

```
bufferRemaining = Math.min(distanceTo(bufend, newPos),
  Math.min(distanceTo(newPos, serBound),
  softLimit)) - 2 * METASIZE;
```

当数据写入时，先判断 bufferRemaining 是否小于等于 0，如果是，就启动溢写线程进行溢写操作。溢写时先对环形缓冲区中的数据进行排序，然后将排序结果写入磁盘上的临时文件中，具体细节可在 sortAndSpill 中查阅。具体地，先对分区信息进行排序，然后对键排序，排序结果通过修改 kvmeta 中数据的顺序进行存储。排序算法由参数 map.sort.class 设置，默认是快速排序，在环形缓冲区初始化时进行实例化，实例化代码为：

```
sorter = ReflectionUtils.newInstance(job.getClass(
  MRJobConfig.MAP_SORT_CLASS, QuickSort.class,
  IndexedSorter.class), job);
```

对环形缓冲区中的数据排序之后，把结果写入磁盘时要先判断是否有 Map 端合并，如果没有，就直接将数据写入磁盘，写入时是一个分区一个索引（IndexRecord）；如果有，则将结果写入 kvIter，然后调用 combinerRunner.combine 方法执行 Map 端合并。

随着排序结果的不断写入，本地磁盘会存在多个临时文件，这些临时文件有些共同的特点，就是文件不大，并且同一分区的数据可能存储在多个临时文件中，甚至存储在所有临时文件中。这样当下游的 Reduce 任务来读取所需的分区数据时会极不方便，也不够优化。因此当临时文件多于一个时，要对所有的临时文件进行归并，使得最终只能输出一个文件。

对临时文件进行归并的核心逻辑在 `mergeParts` 方法中。归并时会对磁盘中的临时文件进行排序，由于各个临时文件的内部已经是排好序的，因此这里使用堆排序。归并时按照分区将临时文件中的数据读取到 Segment 中，当 Segment 的个数大于 `mapreduce.task.io.sort.factor` 值时会先对这些临时文件按照长度进行排序，同时 `mapreduce.task.io.sort.factor` 也控制着堆排序时同时能对多少个临时文件进行排序。堆排序是利用优先级队列实现的，具体的逻辑在 `Merger.class` 中。排序之后的数据依然要写入磁盘，所以在写入磁盘之前还是会判断下是否存在 Map 端合并，另外此处除了判断这个，还会判断临时文件是否大于 `mapreduce.map.combine.minspills`，只有这两个条件都满足时才会执行 Map 端合并。换言之，如果设置了 Map 端合并，那么在 Map 任务中会在两个地方进行判断，而这两个地方都有一个共同的特点，那就是持久化数据到磁盘。

所有的临时文件最终归并成一个文件持久化到磁盘时，整个 Map 任务流程就结束了。存在 Reduce 任务时 Map 任务的整个详细流程如图 4-3 所示。

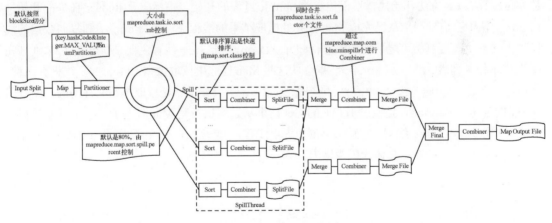

图 4-3　Map 任务细节图

## 4.2.4　Shuffle

Map 任务结束之后，Reduce 任务开始执行，Reduce 任务中最重要的是 Shuffle 过程。在 MapReduce2.0 中，Shuffle 以插件的形式存在，用户可以自定义，注意自定义时必须实现 `ShuffleConsumerPlugin` 接口。默认的 Shuffle 实现是 `Shuffle.class`，由 `mapreduce.job.`

reduce.shuffle.consumer.plugin.class 参数控制，在 Reduce 任务启动的时候也就是在 ReduceTask.run 函数中对 Shuffle 类进行初始化，相关代码如下：

```
Class<? extends ShuffleConsumerPlugin> clazz =
  job.getClass(MRConfig.SHUFFLE_CONSUMER_PLUGIN, Shuffle.class,
  ShuffleConsumerPlugin.class);

shuffleConsumerPlugin = ReflectionUtils.newInstance(clazz, job);
LOG.info("Using ShuffleConsumerPlugin: " + shuffleConsumerPlugin);

ShuffleConsumerPlugin.Context shuffleContext =
  new ShuffleConsumerPlugin.Context(getTaskID(), job,
    FileSystem.getLocal(job), umbilical,
    super.lDirAlloc, reporter, codec,
    combinerClass, combineCollector,
    spilledRecordsCounter, reduceCombineInputCounter,
    shuffledMapsCounter,
    reduceShuffleBytes, failedShuffleCounter,
    mergedMapOutputsCounter,
    taskStatus, copyPhase, sortPhase, this,
    mapOutputFile, localMapFiles);
shuffleConsumerPlugin.init(shuffleContext);

rIter = shuffleConsumerPlugin.run();
```

Shuffle 过程可以分为复制、归并和排序三个阶段。shuffleConsumerPlugin.run()也就是 Shuffle.run 方法开始执行不仅代表着 Shuffle 过程的开始，也标志着 Reduce 任务的开始，在 run 方法中会启动一个从已完成 Map 任务处抓取结果的线程 EventFetcher 和复制数据的线程 Fetcher，等复制结束之后对数据进行归并。EventFetcher 线程主要是通过 RPC 拿到已完成的 Map 任务列表，然后 Fetcher 线程会从这些 Map 任务中读取数据。Fetcher 线程有两种，分别是 LocalFetcher 和 Fetcher。顾名思义，LocalFetcher 是读取本地文件用的，没有用到 HTTP 服务；Fethcer 是通过 HTTP 的 Get 请求从远程执行完 Map 任务的机器上读取数据。这里主要分析 Fetcher 线程，它默认会创建 5 个线程，由参数 mapreduce.reduce.shuffle.parallelcopies 控制，具体代码逻辑为：

```
public void run() {
  try {
    while (!stopped && !Thread.currentThread().isInterrupted()) {
      MapHost host = null;
      try {
        // 如果有内存到磁盘的归并线程在工作，则 Fetcher 线程被阻塞
        // 不像 Map 任务中的环形缓冲区一样，可以一边向磁盘写，一边继续向内存写数据
        // 触发 memToDisk 执行的条件是内存中的占比超过 90%
        merger.waitForResource();
        // 随机得到一个 Host
        host = scheduler.getHost();
        metrics.threadBusy();
        // 从对应的服务器上读取数据
```

```
            copyFromHost(host);
        }
      ...
    }
  }
  ...
}
```

在上述 Fetcher 线程的 run 方法中，先判断是否有归并线程在工作，如果有，则阻塞当前 Fetcher 线程，这里只判断是否有从内存到磁盘的归并线程。然后从机器列表中随机选出一台（随机方法可查看 scheduler.getHost 的代码），进行复制操作。复制操作的入口函数是 copyFromHost，该函数的主要工作是建立 HTTP 连接，然后循环调用 copyMapOutput 读取对应 Map 任务的输出。读取时会由 merger.reserve(mapId, decompressedLength, id) 根据数据的大小决定是将数据写入内存还是直接写入磁盘，判断依据是数据的大小 requestedSize 是否大于 maxSingleShuffleLimit，maxSingleShuffleLimit 的值是由 totalbytes 和 percent 相乘计算而来的。merger.reserve 方法的代码如下：

```
public synchronized MapOutput<K,V> reserve(TaskAttemptID mapId,
  long requestedSize, int fetcher ) throws IOException {
  // 判断当前数据大小，以确定是否能写入内存，若不能则直接写入磁盘
  // requestedSize < maxSingleShuffleLimit 为 true
  // maxSingleShuffleLimit 的值为 memoryLimit *
  // mapreduce.reduce.shuffle.memory.limit.percent
  if (!canShuffleToMemory(requestedSize)) {
    LOG.info(mapId + ": Shuffling to disk since " + requestedSize +
      " is greater than maxSingleShuffleLimit (" +
      maxSingleShuffleLimit + ")");
    // 将内容写入磁盘
    return new OnDiskMapOutput<K,V>(mapId, reduceId, this,
      requestedSize, jobConf, mapOutputFile, fetcher, true);
  }

  // 如果 usedMemory 大于 memoryLimit，则返回 null，暂定 shuffle，等待
  // memToDisk
  if (usedMemory > memoryLimit) {
    LOG.debug(mapId + ": Stalling shuffle since usedMemory (" +
      usedMemory + ") is greater than memoryLimit (" + memoryLimit +
      ")." +
      " CommitMemory is (" + commitMemory + ")");
    return null;
  }

  …
  // 更新 usedMemory,
  // 实例化 InMemoryMapOutput，将内容写入内存 InMemoryMapOutput
  return unconditionalReserve(mapId, requestedSize, true);
}
```

merger.reserve 方法在判断是否直接将数据写入内存时，会先判断数据的大小是否超过

了 maxSingleShuffleLimit。如果没有超过再判断 usedMemory 和 memoryLimit 的大小关系,当前者大于后者时,就等待归并线程。这里直接使用 usedMemory 和 memoryLimit 进行比较,而不是使用 usedMemory+requestedSize 与 memoryLimit 进行比较,是因为使用 usedMemory+requestedSize 时,会出现所有的 Fetcher 线程都处于死循环的情况。当 usedMemory+requestedSize 比 memoryLimit 大时,写操作暂停,但此时如果 usedMemory 小于 mergeThreshold,则并不会触发归并线程,而写操作又暂停了,usedMemory 不会更新,那整个 Fetcher 线程就不会有新的进展。

　　数据复制结束之后会触发归并过程,此线程的具体实现分为 InMemoryMerger 和 OnDiskMerger。InMemoryMerger 由 InMemoryMapOutput 调用,OnDiskMerger 则由 OnDiskMapOutput 调用。InMemoryMerger 的触发条件在 closeInMemoryFile 中,当内存的大小超过 mapreduce.reduce.memory.totalbytes 与 mapreduce.reduce.shuffle.merge.percent 的乘积时进行归并过程,代码如下:

```
public synchronized void closeInMemoryFile(InMemoryMapOutput<K,V> mapOutput) {
  inMemoryMapOutputs.add(mapOutput);
  LOG.info("closeInMemoryFile -> map-output of size: " +
    mapOutput.getSize()
    + ", inMemoryMapOutputs.size() -> " + inMemoryMapOutputs.size()
    + ", commitMemory -> " + commitMemory + ", usedMemory ->" +
    usedMemory);
  // 更新内存使用量
  commitMemory+= mapOutput.getSize();

  // 判断当前内存使用量是否超过 mergeThreshold
  // 如果 mergeThreshold 太小时会卡住
  if (commitMemory >= mergeThreshold) {
    LOG.info("Starting inMemoryMerger's merge since commitMemory=" +
      commitMemory + " > mergeThreshold=" + mergeThreshold +
      ". Current usedMemory=" + usedMemory);
    inMemoryMapOutputs.addAll(inMemoryMergedMapOutputs);
    inMemoryMergedMapOutputs.clear();
    inMemoryMerger.startMerge(inMemoryMapOutputs);
    commitMemory = 0L;  // 重置 commitMemory.
  }
  // 判断是否开启了内存到内存的归并
  if (memToMemMerger != null) {
    if (inMemoryMapOutputs.size() >= memToMemMergeOutputsThreshold) {
      memToMemMerger.startMerge(inMemoryMapOutputs);
    }
  }
}
```

OnDiskMerger 是当 OnDiskMapOutput 的个数与 2*mapreduce.task.io.sort.factor-1 相比,前者大于等于后者时才进行归并。

　　无论是哪种情况触发的归并,都会创建一个归并线程,然后在这个线程中调用归并的具体实现方法。两种具体的实现分别在 InMemoryMapOutput.merge 和 OnDiskMapOutput.merge 中，此处归并跟 Map 任务中的归并一样，都是用的堆排序。InMemoryMapOutput.merge 在将归并之后的结果写入磁盘时，会判断下是否需要再次合并（只有内存到磁盘时才会判断），并在方法的结尾调用 closeOnDiskFile，以检查内存的文件归并到磁盘之后，是否满足磁盘归并的条件。InMemoryMapOutput.merge 的核心代码如下：

```java
public void merge(List<InMemoryMapOutput<K,V>> inputs) throws
IOException {
  try {
    LOG.info("Initiating in-memory merge with " +
      noInMemorySegments + " segments...");
    // 堆排序
    rIter = Merger.merge(jobConf, rfs,
      (Class<K>)jobConf.getMapOutputKeyClass(),
      (Class<V>)jobConf.getMapOutputValueClass(),
      inMemorySegments, inMemorySegments.size(),
      new Path(reduceId.toString()),
      (RawComparator<K>)jobConf.getOutputKeyComparator(),
      reporter, spilledRecordsCounter, null, null);
    // 判断是否要再次合并
    if (null == combinerClass) {
      Merger.writeFile(rIter, writer, reporter, jobConf);
    } else {
      combineCollector.setWriter(writer);
      combineAndSpill(rIter, reduceCombineInputCounter);
    }
    ...
  } catch (IOException e) {
    localFS.delete(outputPath, true);
    throw e;
  }

  // 判断是否需要磁盘归并
  closeOnDiskFile(compressAwarePath);
  }

}
```

待 OnDiskMapOutput.merge 也执行结束之后，复制和归并阶段就结束了，接下来就是排序阶段。这一阶段虽然被称为排序，但其实也是一种归并操作，只不过是最后一次归并，俗称 finalMerge。finalMerge 的具体实现是 MergeManagerImpl.finalMerge 方法，该方法会先判断内存中的数据和磁盘中的文件个数的大小关系（mapreduce.task.io.sort.factor > onDiskMapOutputs.size()），如果符合条件则对内存中的文件进行归并，并将结果输出到磁盘中。随后对磁盘中的文件进行归并，此处夹杂着一行代码 Collections.sort，用于对磁盘中的文件进行长度排序，形成一个小顶堆进行归并，将内存和磁盘最终的归并文件放入 finalSegments 中进行最终的归并。至此整个 Shuffle 阶段结束了，随后就是 reduce 函数对数据进行处理，然后输出。Reduce 任务的整个详细流程如图 4-4 所示。

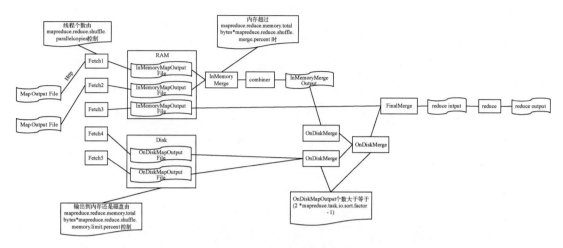

图 4-4　Reduce 任务的细节图

因为 Reduce 是一个聚合算子，因此在对数据进行处理时，它还会根据数据的键对其进行分组，将具有相同键的值放入一个 `Iterator` 对象中，`Iterator` 的具体实现是 `ValueIterator`，它从输入数据中读取数据时结合变量 `firstValue` 和 `nextKeyIsSame` 来判断是否还有值，并进行读取，从而将值进行分组。分组策略可以自定义辅助二次排序或者其他场景。分组的关键逻辑在 `netKeyValue` 中，代码如下：

```
public boolean nextKeyValue() throws IOException, InterruptedException {
  ...
  // 标识是否为第一个值
  firstValue = !nextKeyIsSame;
  // 从输入数据中取得键
  DataInputBuffer nextKey = input.getKey();
  currentRawKey.set(nextKey.getData(), nextKey.getPosition(),
    nextKey.getLength() - nextKey.getPosition());
  buffer.reset(currentRawKey.getBytes(), 0, currentRawKey.getLength());
  // 对键进行反序列操作
  key = keyDeserializer.deserialize(key);
  // 从输入数据中取得值
  DataInputBuffer nextVal = input.getValue();
  buffer.reset(nextVal.getData(), nextVal.getPosition(),
    nextVal.getLength() - nextVal.getPosition());
  // 对值进行反序列操作
  value = valueDeserializer.deserialize(value);

  currentKeyLength = nextKey.getLength() - nextKey.getPosition();
  currentValueLength = nextVal.getLength() - nextVal.getPosition();
  // mark reset 功能是否开启，开启之后可以多次遍历 values 中的值
  if (isMarked) {
    backupStore.write(nextKey, nextVal);
  }
```

```
hasMore = input.next();
if (hasMore) {
  nextKey = input.getKey();
  // 判断当前的键是否和下一个键相同
  nextKeyIsSame = comparator.compare(currentRawKey.getBytes(), 0,
    currentRawKey.getLength(),nextKey.getData(),
    nextKey.getPosition(),nextKey.getLength()
    - nextKey.getPosition()) == 0;
} else {
  nextKeyIsSame = false;
}
// 统计值的个数
inputValueCounter.increment(1);
return true;
}
```

在上述代码中，`nextKeyValue` 从输入数据中分别读取键和值并进行反序列化操作，然后根据作业中设置的比较器将当前键与下一个键进行比较，从而进行分组。

## 4.3 MapReduce on YARN

MapReduce 作为 YARN 官方的一个应用实例，了解其运行原理有助于我们将其他应用移植到 YARN 或者直接开发基于 YARN 的应用。MapReduce on YARN 与之前的 MapReduce 在流程上并无区别，只是之前负责任务调度的模块 JobTracker 变为了 ApplicationMaster。YARN 是一个通用型的资源编排平台，它并不关心每个应用内部的任务运行状态，因此提供了一个统一的接口，任何运行在 YARN 上的应用都需要实现这个接口，并通过此接口与 YARN 进行通信，这个接口就是 ApplicationMaster。ApplicationMaster 是一个应用的大脑，MapReduce 通过实现 MR ApplicationMaster 从而实现了 MapReduce on YARN。

在继续介绍 MR ApplicationMaster 前，先简单介绍下 YARN 的事件机制和状态机机制，了解这两个机制能更好地理解 ApplicationMaster 是如何运行的。

### 4.3.1 YARN 的事件机制和状态机机制

YARN 上的服务和应用在每个不同的阶段都有一个状态，这些状态大体分为三类，分别为初始状态、中间状态和最终状态。通过状态的轮转来控制服务或者应用使得 YARN 能够更加专注于资源的管理。各种状态轮转形成了一个有向无环图，组成了一组状态机。状态机由初始状态开始运行，经过一系列的中间状态后到达最终状态，并在最终状态退出。状态的转换由事件来触发，实际的转换是在事件对应的 `hook` 里完成的。

由于本节介绍的是 MapReduce on YARN，因此接下来以 MapReduce 应用的状态转换为例介绍下状态机是如何运转的。状态机机制的关键类是 `StateMachineFactory`，它是一个泛型类，其声明如下：

```
/**
 * 负责状态机的拓扑图
 * 此类是 final 类型，具有不可变语义
 */
final public class StateMachineFactory
  <OPERAND, STATE extends Enum<STATE>,
  EVENTTYPE extends Enum<EVENTTYPE>, EVENT> {...}
```

在上述代码中，`StateMachineFactory` 有 4 个泛型参数，其中 `OPERAND` 是这组状态机的操作者，`STATE` 是这组状态机中的状态，`EVENTTYPE` 是触发状态转换的事件类型，`EVENT` 是触发状态转换的事件。最重要的是在注释中说明了这组状态的本质其实是一组状态的拓扑图，这个拓扑图是通过调用 `addTransition` 构建的。下面结合 `RMAppImpl` 梳理一下如何构建一个状态拓扑图，`RMAppImpl` 中初始化了在 YARN 上运行的应用的状态拓扑图。其中声明了一个静态 final 类型的属性 `stateMachineFactory`，然后通过 `make` 方法得到了一个状态机。代码如下：

```
private static final StateMachineFactory<RMAppImpl, RMAppState,
  RMAppEventType, RMAppEvent> stateMachineFactory
= new StateMachineFactory<RMAppImpl, RMAppState,
RMAppEventType, RMAppEvent>(RMAppState.NEW)
  // 从 NEW 状态转换到 NEW 状态，状态可以自旋
.addTransition(RMAppState.NEW, RMAppState.NEW,
  RMAppEventType.NODE_UPDATE, new RMAppNodeUpdateTransition())
  // 从 NEW 状态转换到 NEW_SAVING 状态
.addTransition(RMAppState.NEW, RMAppState.NEW_SAVING,
  RMAppEventType.START, new RMAppNewlySavingTransition())
...// 若干状态转换的定义
.installTopology();

// 从 stateMachineFactory 中得到一个 stateMachine 对象
this.stateMachine = stateMachineFactory.make(this);
```

在上述代码中，`addTransition` 被调用了多次，其中每次都代表着一种状态转换的方向，这些状态转换以链表的方式被串联起来。状态转换结束之后调用 `installTopology` 构建 `stateMachineTable`，用来存储与状态对应的事件类型。`StateMachineFactory` 重载了 5 个 `addTransition` 方法，它们定义了三种状态转换方式，如下所示。

□ 通过**某个事件**将 preState 转换为 postState，也就是状态机本来在 preState 状态，当接收到某个事件后，就执行该事件对应的 hook，并在执行完成后将当前的状态转换为 postState。方法声明为 `addTransition(STATE preState, STATE postState, EVENTTYPE eventType, SingleArcTransition<OPERAND, EVENT> hook);`

❑ 通过多个事件将 preState 转换为 postState，也就是状态机本来在 preState 状态，当接收到某些事件后，就执行对应的 hook，并在执行完成后将当前的状态转换为 postState。方法声明为 addTransition(STATE preState, STATE postState, Set<EVENTTYPE> eventTypes, SingleArcTransition<OPERAND, EVENT> hook);

❑ 通过某个事件将 preState 转换为多个 postState，也就是状态机本来在 preState 状态，当接收到某个事件后，就执行对应的 hook，并在执行完成后将当前状态转换为 hook 返回值所表示的状态。方法声明为 addTransition(STATE preState, Set<STATE> postStates, EVENTTYPE eventType, MultipleArcTransition<OPERAND, EVENT, STATE> hook)。

addTransition 重载方法如下：

```java
// 根据某个事件类型对应的 hook 将 preState 状态转换为 postState 状态
// 调用第 4 个重载方法
public StateMachineFactory<OPERAND, STATE, EVENTTYPE, EVENT>
  addTransition(STATE preState, STATE postState, EVENTTYPE eventType) {
    return addTransition(preState, postState, eventType, null);
}

// 根据某些事件类型对应的 hook 将 preState 状态转换为 postState 状态
// 调用第 3 个重载方法
public StateMachineFactory<OPERAND, STATE, EVENTTYPE, EVENT>
  addTransition(
    STATE preState, STATE postState, Set<EVENTTYPE> eventTypes) {
      return addTransition(preState, postState, eventTypes, null);
}

// 根据某些事件类型对应的 hook 将 preState 状态转换为 postState 状态
// 通过 for 循环遍历事件类型的集合，分别调用第 4 个重载方法
public StateMachineFactory<OPERAND, STATE, EVENTTYPE, EVENT>
  addTransition(
    STATE preState, STATE postState, Set<EVENTTYPE> eventTypes,
    SingleArcTransition<OPERAND, EVENT> hook) {
      StateMachineFactory<OPERAND, STATE, EVENTTYPE, EVENT> factory =
      null;
  for (EVENTTYPE event : eventTypes) {
    if (factory == null) {
      factory = addTransition(preState, postState, event, hook);
    } else {
      factory = factory.addTransition(preState, postState, event, hook);
    }
  }
  return factory;
}

// 根据事件类型对应的 hook 将 preState 状态转换为 postState 状态
public StateMachineFactory<OPERAND, STATE, EVENTTYPE, EVENT>
  addTransition(STATE preState, STATE postState, EVENTTYPE eventType,
    SingleArcTransition<OPERAND, EVENT> hook){
      return new StateMachineFactory<OPERAND, STATE, EVENTTYPE, EVENT>
```

```
        (this, new ApplicableSingleOrMultipleTransition<OPERAND, STATE,
        EVENTTYPE, EVENT>(preState, eventType,
        new SingleInternalArc(postState, hook)));
}

// 根据事件类型对应的 hook 将 preState 状态转换为 postState 状态集合中合法的状态
public StateMachineFactory<OPERAND, STATE, EVENTTYPE, EVENT>
  addTransition(STATE preState, Set<STATE> postStates,
  EVENTTYPE eventType, MultipleArcTransition<OPERAND, EVENT, STATE>
  hook){
     return new StateMachineFactory<OPERAND, STATE, EVENTTYPE, EVENT>
       (this, new ApplicableSingleOrMultipleTransition<OPERAND, STATE,
       EVENTTYPE, EVENT>(preState, eventType,
       new MultipleInternalArc(postStates, hook)));
}
```

现在重点看下 addTransition 的 5 个重载方法中的后面两个，其代码中出现了 Applicable-SingleOrMultipleTransition、SingleInternalArc 和 MultipleInternalArc 这三个类，其中第一个类的主要作用是通过调用 apply 方法将 preState、eventType 和 transition 的映射关系放入 stateMachineTable 属性中。第二个类 SingleInternalArc 有两个属性，分别为表示状态的 postState 属性和表示事件发生之后调用对应 hook 进行处理的 SingleArc-Transition 属性，该类只有一个 doTransition 方法，此方法中会调用 hook.transition 去处理发生该事件之后的状态变化，hook 正常处理结束之后，返回 postState 状态。第二个类用来处理一个状态被一个事件触发之后转换到下一个状态的情况，而第三个类 MultipleInternalArc 是处理可以转换到多个状态的情况，其逻辑结构和 SingleInternalArc 类似，只是在 hook 处理结束之后，需要判断 postState 是否在备选的状态集中。

状态的转换是事件触发的，那么 YARN 的事件机制又是如何运作的？查看 MRAppMaster 的代码会发现一个类型为 AsyncDispatcher 的属性 dispatcher，这是一个异步调度器。AsyncDispatcher 在 YARN 中的主要作用是找到发生的一系列事件中各个事件对应的处理器进行处理，各个核心服务都包含这样一个异步调度器。AsyncDispatcher 是一个服务，继承自 AbstractService，其运行流程为通过**阻塞队列存放事件**，然后单独起一个线程从阻塞队列中消费事件，通过事先定义好的事件和处理器的映射表找到各自的处理器进行处理。

AsyncDispatcher 中的事件是通过 register 方法进行注册的，注册时会将事件类型和对应的处理器放入到 map 结构的映射表中，AsyncDispatcher 类中的属性如下：

```
// 阻塞队列，用于存放发生的事件
private final BlockingQueue<Event> eventQueue;
// 线程是否停止的标识
private volatile boolean stopped = false;
// 当停止 AsyncDispatcher 服务时，是否等待 eventQueue 中的事件被处理完
private volatile boolean drainEventsOnStop = false;
// 在停止 AsyncDispatcher 服务时，标识所有剩余的事件被处理完
```

```
private volatile boolean drained = true;
// 对象锁
private Object waitForDrained = new Object();
// 在停止 AsyncDispatcher 服务时,
// 如果 drainEventsOnStop 为 true, 则阻塞新的事件进入 queue
private volatile boolean blockNewEvents = false;

private EventHandler handlerInstance = null;
// 消费队列中事件的线程
private Thread eventHandlingThread;
// 存放事件和事件处理器的映射
protected final Map<Class<? extends Enum>, EventHandler> eventDispatchers;
// 当调度器发生异常时, ResourceManager 是否退出
private boolean exitOnDispatchException;
```

异步调度器 AsyncDispatcher 处理完事件之后, 会触发状态的轮转, 使应用进入下一个状态, 从而保证应用的运行。

## 4.3.2　MR ApplicationMaster

MapReduce 要想运行在 YARN 上, 必须实现一个 ApplicationMaster 服务, 这个服务也是运行在一个 container 里, 启动命令为

```
exec /bin/bash -c "$JAVA_HOME/bin/java -Dlog4j.configuration=container-log4j.properties
-Dyarn.app.container.log.dir=/xx/application_1499422474367_0001/container_149942247436
7_0001_01_000001 -Dyarn.app.container.log.filesize=0 -Dhadoop.root.logger=INFO,CLA
-Xmx1024m org.apache.hadoop.mapreduce.v2.app.MRAppMaster
1>/xx/application_1499422474367_0001/container_1499422474367_0001_01_000001/stdout
2>/xx/application_1499422474367_0001/container_1499422474367_0001_01_000001/stderr "
```

从命令中可以得知 MapReduce 的 ApplicationMaster 的实现类是 MRAppMaster, 继承自 CompositeService。MRAppMaster 在初始化时会注册一些服务并对这些服务进行初始化, 比如异步调度器 dispatcher、与客户端通信的 MRClientService、负责 container 分配的 containerAllocator 和负责 container 启动的 containerLauncher。紧接着就是启动已经初始化的服务, 随后调用 startJobs 方法开始运行 MapReduce 作业, 代码如下:

```
protected void startJobs() {
  /** 新建 job-start 事件, 开始整个 job 的状态流转 */
  JobEvent startJobEvent = new JobStartEvent(job.getID(),
    recoveredJobStartTime);
  // 发送 job-start 事件, 触发作业执行
  dispatcher.getEventHandler().handle(startJobEvent);
}
```

startJobs 其实是一个事件异步处理逻辑,通过 JobStartEvent 创建一个 JobEventType. JOB_START 事件类型, 异步调度器 dispatcher 对事件进行处理, 然后触发 JobImpl 中状态机的状态变化。startJobs 执行结束之后, 就完成了作业的启动, MRAppMaster 也启动完毕,

随后会触发作业执行的相关事件，作业之后会在另一个线程中进行状态机的转换，这就需要 MRAppMaster 中的各个服务来配合作业来进行工作。

接下来在作业执行过程中，`MRAppMaster` 的主要职责是申请资源和管理任务。当作业的状态经过 `SetupCompletedTransition` 处理之后变为 RUNNING 时，就开始调度任务，`SetupCompletedTransition.transition` 方法的代码如下：

```
public void transition(JobImpl job, JobEvent event) {
  job.setupProgress = 1.0f;
  //状态变为 RUNNING 时，开始调度任务
  job.scheduleTasks(job.mapTasks, job.numReduceTasks == 0);
  job.scheduleTasks(job.reduceTasks, true);
  ...
}
```

任务在调度时会先创建一个 `taskAttempt`，使用 `Attempt` 作为任务的实例是考虑到任务可能失败重试和推测执行（Speculative Execution）。任务不断地在 `scheduleTasks` 中被调度，每个任务的 `taskAttempt` 都会申请一个 container，container 的请求中包含资源大小、数据所在 `hosts` 数组和机架数组，以保证计算的本地性。container 申请成功之后执行具体的任务，这样 MapReduce 就成功地运行在了 YARN 上。

## 4.4　Application on YARN

Application on YARN（在 YARN 上运行的应用）需要实现 ApplicationMaster，这主要用来与 ResourceManager 进行通信，为应用申请资源。这个过程涉及四个关键类：`ApplicationMaster`（以 `MRAppMaster` 为例）、`AMLivelinessMonitor`、`ApplicationMasterLauncher` 和 `ApplicationMasterService`。这几个类的架构如图 4-5 所示。

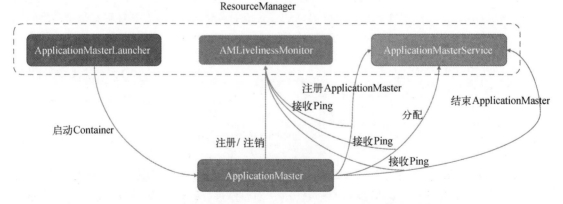

图 4-5　ApplicationMaster 与 ResourceManager 的通信流程图

其整个流程图描述如下。

(1) 首先客户端向 ResourceManager 提交一个应用请求，ResourceManager 通过一些验证和准备工作之后会创建一个应用，然后再创建一个 appattempt，后期的调度和任务的拆解都是对这个 appattempt 进行的。随着 appattempt 的状态变化，会触发 AMLauncherEventType.LAUNCH 事件类型的事件，由 ApplicationMasterLauncher.handle 进行处理，通过 RPC 调用 containerMgrProxy.startContainers 来启动一个 ApplicationMaster。

(2) ApplicationMaster 启动成功之后，返回到 AMLauncher.run 方法中会触发 RMAppAttempt-EventType.LAUNCHED 事件类型的事件，在 AMLivelinessMonitor 中注册一个 ApplicationMaster。

(3) 以 MRAppMaster 为例，当 ApplicationMaster 启动时会启动 MRAppMaster 这个服务，MRAppMaster 启动的时候会向 ApplicationMasterService 注册。

(4) 然后开启一个心跳线程，由此线程周期性地发送心跳，心跳中包含所需 container 的请求列表和所要释放的 container 的列表，通过 RPC 调用 ApplicationMasterService.allocate 来获取资源，在此过程中会向 AMLivelinessMonitor 发送 ping 命令，更新在 AMLiveliness-Monitor 中记录着的生命时钟。

(5) 当作业运行结束之后，调用 ApplicationMaster.finish 方法，通过 RPC 最终调用 ApplicationMasterService.finishApplicationMaster，在此过程中依然会向 AMLivelinessMonitor 发送 ping 命令，并更新在 AMLivelinessMonitor 中记录着的生命时钟。

下面概括下这三个类的主要作用。

❑ **ApplicationMasterLauncher**。它继承自 AbstractService，实现了 EventHandler 接口，因此既是一个服务也是一个事件处理器。它只处理两类事件，一类是启动 Application-Master 的 LAUNCH，另一类是清理 ApplicationMaster 的 CLEANUP 请求，这两类事件被放到一个事件队列中。ApplicationMasterLauncher 作为服务时，启动一个 launcher-HandlingThread 线程将事件取出放入线程池中处理。当 ApplicationMasterLauncher 收到 LAUNCH 类型的事件后，会向对应的 NodeManager 发送启动 ApplicationMaster 的命令。启动 ApplicationMaster 的流程为首先创建一个 ContainerManager 协议的客户端，然后向对应的 NodeManager 发起连接请求，建立成功之后将启动 ApplicationMaster 所需的各种信息，包括执行命令，jar 包、运行环境等信息，封装成一个 StartContainerRequest 对象，然后通过 RPC 函数 ContainerManager.startContainer 发送给对应的 NodeManager。如果 ApplicationMasterLauncher 收到的是 CLEANUP 类型的事件，它会向对应的 NodeManager 发送杀死 ApplicationMaster 的请求。

❑ **AMLivelinessMonitor**。它主要用来监控 ApplicationMaster 的生命状态，如果 Application-Master 长时间没有更新心跳信息，ResourceManager 就会通知 NodeManager 把 Application-Master 移除。`appattempt` 在启动的时候会向 `AMLivelinessMonitor` 注册 Application-Master 的信息，然后 `AMLivelinessMonitor` 会周期性遍历所有 ApplicationMaster，如果检测到某个 ApplicationMaster 并未周期性地汇报心跳信息，超过了 `yarn.am.liveness-monitor.expiry-interval-ms` 所配置的值，则认为它已经死掉了，随后由它启动的正在运行 container 的状态都将被置为失败。如果 ApplicationMaster 配置了重试次数（每个 ApplicationMaster 的尝试次数，由 `yarn.resourcemanager.am.max-retries` 参数指定，默认是 1 次），则该 ApplicationMaster 会被重新分配到另外一个节点上执行。

❑ **ApplicationMasterService**。它负责处理来自 ApplicationMaster 的请求，这请求分为三类，分别为注册 ApplicationMaster、周期心跳和 ApplicationMaster 结束之后的清理请求。其中，注册 ApplicationMaster 是启动时发生的行为，注册请求中包含 ApplicationMaster 所在的节点、RPC 端口号和 tracking URL 等信息。周期心跳会持续存在于应用的整个生命周期中，心跳请求中包含对需要申请的资源类型的描述、待释放的 container 列表等，而 `ApplicationMasterService` 在响应请求之后会返回给 ApplicationMaster 新分配的 container、已完成的 container 等信息。清理请求是应用运行结束时 ApplicationMaster 向 `ApplicationMasterService` 发送的请求，以回收资源和清理各种中间数据。

YARN 是一个资源编排平台，由于与 HDFS 有着天生的兼容性，在各个大数据中心被广泛使用，考虑到经济成本、运维成本和数据成本，越来越多的应用开始兼容 YARN，比如 Spark on YARN，Flink on YARN，TensorFlow on YARN 等。

接下来看下这些非 Hadoop 系列的应用是如何运行在 YARN 上的。重点介绍下 Spark on YARN。在 Spark 的源码中有一个 resource-managers 模块，这个模块实现了 Spark on YARN、Spark on Mesos 和 Spark on Kubernetes。在 resource-managers 模块中，Spark 实现了应用客户端、YarnRMClient 和 ApplicationMaster 等一些通用功能，使自己能够执行在 YARN 模式下。resource-managers 模块的代码结构如图 4-6 所示。

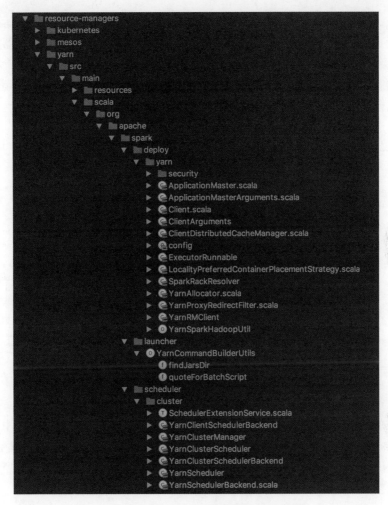

图 4-6   resouce-managers 模块的代码结构图

应用客户端相当于一个 Spark 客户端，主要负责一些准备工作，向 YARN 客户端提交应用，并根据 Spark on YARN 的模式判断是否要监听任务的运行状态。YarnRMClient 可以认为是 YARN 客户端，主要负责与 ResourceManager 进行通信，用来向 YARN 提交应用，指定 ApplicationMaster 所需的资源。ApplicationMaster 是 Spark 实现的 YARN ApplicationMaster，它根据 Spark on YARN 的模式决定 Driver 的运行位置，向 ResourceManager 注册 ApplicationMaster，然后 ApplicationMaster 通过 YarnAllocator 履行自己的职责，向 ResourceManager 申请资源并与对应的 NodeManager 进行通信，发布执行 container 的命令。

非 Hadoop 系列的应用运行在 YARN 上还是有些独特的地方，例如 Spark on YARN，由于 Spark-shell 和 Spark-SQL 这些具有交互式的使用场景，使 Spark 运行在 YARN 有两种模式，一种是客户端模式，这种模式下 Driver 运行在 YARN 集群之外，也可以说 Driver 未运行在 container 中，而是运行在提交 Spark 任务的那台服务器上的应用客户端中，如果在此机器上提交过多的 Spark 任务，会增加此机器的压力，而且由于 Driver 存在于 Spark 任务的整个生命周期中，所以应用的客户端进程也会等待整个 Spark 任务执行结束之后才会退出。此模式主要用于开发测试环境下。客户端模式的架构图如图 4-7 所示。

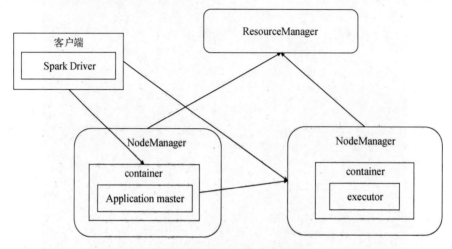

图 4-7    客户端模式的架构图

另一种是集群模式。这两种模式的区别在于 Driver 在哪里，客户端模式时 Driver 运行在 YARN 集群之外，而在集群模式下，Driver 和 ApplicationMaster 运行在同一个 container 中，位于集群的某个 NodeManager 上，这样能够充分利用集群的扩展性，而且应用的客户端进程在提交完 Spark 任务之后就退出了。此模式普遍应用于生产环境中。集群模式的架构图如图 4-8 所示。

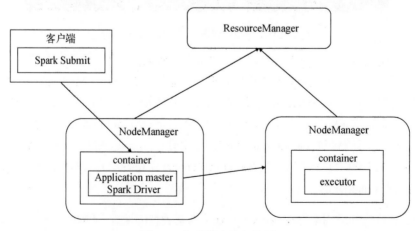

图 4-8    集群模式的架构图

## 4.5 小结

本章主要介绍了 MapReduce 框架，结合代码对 MapReduce 的流程进行了详细的剖析，并且介绍了如何将应用运行在 YARN 上，介绍了原生应用 MapReduce 和非 Hadoop 系列的应用运行在 YARN 的区别。

# 第 5 章

# 实战指南

前面已经介绍了 Hadoop 中所有组件的原理和源码，本章重点在实战，先从部署开始，随后考虑到目前大多数公司使用的是 Hadoop 2.0，于是对从 Hadoop 2.0 升级到 Hadoop 3.0 的细节进行介绍。最后本着实战到底的原则，从 Hadoop 二次开发的角度进行阐述。

本章包含 4 节，5.1 节介绍了常用的部署方式，包括 HA 和基于 Router 的 Federation 模式；5.2 节介绍了如何从 Hadoop 2.0 升级到 Hadoop 3.0，以及升级、降级过程中遇到的问题及其解决方案；5.3 节从实际应用中可能会遇到的 Hadoop 二次开发的场景出发，介绍了如何进行二次开发以及如何贡献自己的代码，积极参与社区；5.4 节介绍了一个大数据平台应具备哪些必备组件，以及具体的实现架构。

## 5.1 Hadoop 3.x 的部署

虽然大家对 Hadoop 2.x 的部署和使用经验更为丰富，但是 Hadoop 3.x 中新增了很多新特性，前面的章节也对这些新特性的原理和源码进行了些介绍，本节将结合实际生产场景和新增的特性部署一个 Hadoop 3.x 集群，实际体验下新特性。

生产场景中为了保证服务的稳定性部署的都是 HA 模式，这里就直接部署 Hadoop HA 模式。

### 5.1.1 Hadoop 3.x HA 的部署

部署 Hadoop 主要是修改配置文件，这些配置文件在${HADOOP_HOME}/etc/hadoop 目录中，分为两类，一类是 XML 文件，负责各个服务的配置项；另一类是 shell 文件，用来存放一些与运行环境相关的值。其中常用的 XML 文件包括负责通用配置的 core-site.xml、负责 HDFS 的 hdfs-site.xml、负责 YARN 的 yarn-site.xml 和负责 MapReduce 的 mapred-site.xml，最后还有一个存放队列调度配置的文件 capacity-scheduler.xml/fair-scheduler.xml。对于 shell 文件，管理员经常用到的是 hadoop-env.sh，可以在这里修改 Hadoop 相关进程所需的环境变量；也可以在 yarn-env.sh 中修改 YARN 相关的环境变量和在 mapred-env.sh 中修改 MapReduce 相关的环境变量。在不同的 shell 文件中修改同一个变量的生效优先级是 hadoop-env.sh 小于 mapred-env.sh 或者 yarn-env.sh。除了上述这些，剩下的配置文件并非不重要，只不过不是本节重点，故不多展开，比如开启 httpfs 功能所需要修改的 httpfs-env.sh 和 httpfs-site.xml。接下来详细介绍这些配置文件。

先看一下 core-site.xml，这个文件里包含一些全局属性也是关键属性，其中最重要的是 `fs.defaultFS`。`fs.defaultFS` 是 HDFS 中文件操作命令的默认文件系统，其值是一个 URL，所用的协议有 hdfs 和 file 两种。如果协议为 hdfs，后面一般跟 HDFS 的 `nameservices`，如果是非 HA 模式，则跟 `dfs.namenode.rpc-address`，具体格式为 `hdfs://nameservices-name`；如果协议为 file，则后面跟本地目录，具体格式为 `file://xx/xx`。接着是 `ha.zookeeper.quorum` 属性，它用于修改存放 HDFS HA 相关信息的 ZooKeeper 的地址。其值为用逗号分隔的一些 ZooKeeper 地址。如果在这些 ZooKeeper 地址中指定节点，则需要提前创建相关目录，例如 `192.168.1.1:2181,192.168.1.12:2181,192.168.1.13:2181/hdfs-ha`，其中的 `/hdfs-ha` 需要提前创建。然后，`net.topology.script.file.name` 属性在生产环境中也尤为重要，因为在实际生产中集群规模往往较大，机器会分布在不同的机架甚至不同的机房，所以掌握某个机器的网络拓扑对于数据分布较为重要，该属性用于指定一个脚本，这个脚本能通过机器的 IP 地址或者主机名解析出网络拓扑信息，脚本的内容需要根据具体的解析规则自行实现。之后，是一个与压缩算法有关的配置属性 `io.compression.codecs`，它用于指明集群支持的压缩算法，如果这些支持的算法中包含 LZO 之类的第三方压缩算法，则需要将其 jar 包放置到 share 目录里。最后，还有一些针对特定场景的配置，例如 `fs.trash.interval`，用于控制清理回收站的时间等。其他不需要的配置项保持默认配置就行，在 core-default.xml 里配置了所有配置项的默认配置。完整的 core-site.xml 配置文件内容如下：

```
<?xml version="1.0" encoding="UTF-8"?>
<?xml-stylesheet type="text/xsl" href="configuration.xsl"?>
<!--
  Licensed under the Apache License, Version 2.0 (the "License");
  you may not use this file except in compliance with the License.

  Unless required by applicable law or agreed to in writing, software
  distributed under the License is distributed on an "AS IS" BASIS,
  WITHOUT WARRANTIES OR CONDITIONS OF ANY KIND, either express or
    implied.
  See the License for the specific language governing permissions and
  limitations under the License. See accompanying LICENSE file.
-->


<configuration>
  <property>
    <name>fs.defaultFS</name>
```

```
    <value>hdfs://hdfs-ha</value>
  </property>
  <property>
    <name>ha.zookeeper.quorum</name>
    <value>192.168.1.1:2181,192.168.1.12:2181,192.168.1.13:2181/hdfs-ha</value>
  </property>
  <property>
    <name>hadoop.tmp.dir</name>
    <value>/opt/hadoop_tmp/tmp</value>
  </property>
  <property>
    <name>io.file.buffer.size</name>
    <value>131072</value>
  </property>
  <property>
    <name>fs.trash.interval</name>
    <value>1440</value>
  </property>
  <property>
    <name>io.compression.codecs</name>
    <value>org.apache.hadoop.io.compress.GzipCodec,
      org.apache.hadoop.io.compress.DefaultCodec,
      com.hadoop.compression.lzo.LzoCodec,
      com.hadoop.compression.lzo.LzopCodec,
      org.apache.hadoop.io.compress.BZip2Codec
    </value>
  </property>
    <property>
      <name>io.compression.codec.lzo.class</name>
      <value>com.hadoop.compression.lzo.LzoCodec</value>
    </property>
<!-- Rack Awareness -->
    <property>
      <name>net.topology.script.file.name</name>
      <value>/opt/hadoop/etc/hadoop/rack_awareness.py</value>
    </property>
    <property>
      <name>net.topology.script.number.args</name>
      <value>100</value>
    </property>
</configuration>
```

　　hdfs-site.xml 是专门负责 HDFS 的，其中比较通用的配置属性包括与数据块相关的副本数 dfs.replication 和数据块大小 dfs.blocksize；存放 NameNode 元数据的目录 dfs.namenode. name.dir 和 dfs.namenode.edits.dir；存储物理数据的目录 dfs.datanode.data.dir，它可以同时配置多个存储路径，这些路径之间用逗号分隔，通常是一块数据盘对应一个路径。还有一些常用的与性能优化相关的配置，通常用于控制线程数，例如 dfs.namenode.handler.count，这是 NameNode 处理 RPC 请求时的 RPC 服务器的线程数，如果还配置了 dfs.namenode. servicerpc-address，则它只控制处理客户端请求的 RPC 服务器线程数，对其他节点发送请求的线程数的处理则由 dfs.namenode.service.handler.count 控制。相应地，DataNode

也有用于控制 RPC 服务器线程数的配置属性，是 `dfs.datanode.handler.count`，另外还有一个线程数 `dfs.datanode.max.transfer.threads` 需要调整，这是控制数据传输的线程数。对于管理员来说，还需要一些用于 HDFS 管理的配置，例如用于权限控制的 `dfs.permissions.enabled` 和 `dfs.namenode.acls.enabled`。

在 HA 模式下需要修改的配置属性有 `dfs.nameservices`、`dfs.ha.namenodes.${dfs.nameservices}`、各个 NameNode 相关的地址与 `nameservice` 下唯一标识的映射、数据共享以及故障转移的配置。Hadoop 3.0 支持多个 Standby NameNode，只需要在 `dfs.ha.namenodes.${dfs.nameservices}` 中增加 NameNode ID 以及 ID 对应的 NameNode 相关的地址即可实现。hdfs-site.xml 文件内容如下：

```xml
<?xml version="1.0" encoding="UTF-8"?>
<?xml-stylesheet type="text/xsl" href="configuration.xsl"?>
<!--
  Licensed under the Apache License, Version 2.0 (the "License");
  you may not use this file except in compliance with the License.

  Unless required by applicable law or agreed to in writing, software
  distributed under the License is distributed on an "AS IS" BASIS,
  WITHOUT WARRANTIES OR CONDITIONS OF ANY KIND, either express or
    implied.
  See the License for the specific language governing permissions and
  limitations under the License. See accompanying LICENSE file.
-->

<configuration>
  <!--指定 hdfs 的 nameservice，需要和 core-site.xml 中的保持一致 -->
  <property>
    <name>dfs.nameservices</name>
    <value>hdfs-ha</value>
  </property>
  <!-- hdfs-ha 下面有多个 NameNode，分别是 nn1, nn2, nn3 -->
  <property>
    <name>dfs.ha.namenodes.hdfs-ha</name>
    <value>nn1,nn2,nn3</value>
  </property>
  <!-- nn1 的 RPC 通信地址 -->
  <property>
    <name>dfs.namenode.rpc-address.hdfs-ha.nn1</name>
    <value>192.168.1.100:8020</value>
  </property>
  <!-- nn1 的 http 通信地址 -->
  <property>
    <name>dfs.namenode.http-address.hdfs-ha.nn1</name>
    <value>192.168.1.100:50070</value>
  </property>
  <!-- dn 与 nn 的 rpc 端口-->
    <property>
```

```
    <name>dfs.namenode.servicerpc-address.hdfs-ha.nn1</name>
    <value>192.168.1.100:53310</value>
  </property>
<!-- nn2 和 nn3 相关的地址 -->
...
<property>
  <name>dfs.namenode.shared.edits.dir</name>
  <value>qjournal://192.168.1.10:8485;192.168.1.11:8485;192.168.1.12:8485/
  hdfs-ha-joural</value>
</property>
<!-- 指定 JournalNode 在本地磁盘存放数据的位置 -->
<property>
  <name>dfs.journalnode.edits.dir</name>
  <value>/opt/hadoop/journal</value>
</property>
<!-- 开启 NameNode 失败自动切换 -->
<property>
  <name>dfs.ha.automatic-failover.enabled</name>
  <value>true</value>
</property>
<!-- 配置失败自动切换实现方式 -->
<property>
  <name>dfs.client.failover.proxy.provider.hdfs-ha</name>
  <value>org.apache.hadoop.hdfs.server.namenode.ha.ConfiguredFailoverProxyProvider
  </value>
</property>
<!-- 配置隔离机制 -->
<property>
  <name>dfs.ha.fencing.methods</name>
  <value>sshfence(zdp:22)
  shell(script.sh args1 args2)
  </value>
  <description>
配置两个 fence 方法，防止 Active 节点挂机或者网络故障无法 ssh 切换成功.
  </description>
</property>
  <property>
    <name>dfs.ha.fencing.ssh.connect-timeout</name>
    <value>1000</value>
  </property>
<!-- 使用隔离机制时需要 ssh 免登录 -->
<property>
  <name>dfs.ha.fencing.ssh.private-key-files</name>
  <value>/home/hadoop/.ssh/id_rsa</value>
</property>
<property>
  <name>dfs.replication</name>
  <value>3</value>
</property>
<property>
  <name>dfs.blocksize</name>
  <value>268435456</value>
```

```
  </property>
  <property>
    <name>dfs.namenode.name.dir</name>
    <value>file:/opt/hadoop/hdfs/dfs.namenode.name.dir</value>
  </property>
<!-- 多块磁盘的话可以把 fsimage 与 edits 分开
  <property>
    <name>dfs.namenode.edits.dir</name>
    <value>${dfs.namenode.name.dir}</value>
  </property>
-->
  <property>
    <name>dfs.datanode.data.dir</name>
    <value>file:///data0/hdfs/dfs.data,file:///data1/hdfs/dfs.data</value>
  </property>
  <property>
    <name>dfs.webhdfs.enabled</name>
    <value>true</value>
  </property>
    <property>
      <name>dfs.namenode.handler.count</name>
      <value>100</value>
    </property>
    <property>
      <name>dfs.namenode.service.handler.count</name>
      <value>100</value>
    </property>
    <property>
      <name>dfs.datanode.handler.count</name>
      <value>100</value>
    </property>
    <property>
      <name>dfs.datanode.max.transfer.threads</name>
      <value>8192</value>
    </property>
    <property>
      <name>dfs.datanode.balance.bandwidthPerSec</name>
      <value>31457280</value>
    </property>
<!-- 磁盘访问策略 -->
    <property>
      <name>dfs.datanode.fsdataset.volume.choosing.policy</name>
      <value>org.apache.hadoop.hdfs.server.datanode.fsdataset.
        AvailableSpaceVolumeChoosingPolicy</value>
    </property>
  <property>
    <name>dfs.datanode.failed.volumes.tolerated</name>
    <value>2</value>
  </property>
  <property>
    <name>dfs.client.file-block-storage-locations.timeout.millis</name>
    <value>6000</value>
```

```
    </property>
    <property>
      <name>dfs.datanode.hdfs-blocks-metadata.enabled</name>
      <value>true</value>
    </property>
    <property>
      <name>dfs.datanode.du.reserved</name>
      <value>107374182400</value>
    </property>
      <!-- 权限设置 -->
      <property>
        <name>dfs.permissions.enabled</name>
        <value>true</value>
      </property>
      <property>
        <name>dfs.permissions.superusergroup</name>
        <value>hadoop</value>
      </property>
      <property>
        <name>fs.permissions.umask-mode</name>
        <value>022</value>
      </property>
      <property>
        <name>dfs.namenode.acls.enabled</name>
        <value>true</value>
      </property>
      <property>
        <name>dfs.namenode.fs-limits.max-component-length</name>
        <value>0</value>
      </property>
</configuration>
```

mapred-site.xml 中的主要配置项包括对 MapReduce 运行时所依赖的环境变量和所需资源的控制，以及对 job history 服务相关的配置。其中较为重要的是用于控制 ApplicationMaster、Map 任务和 Reduce 任务的资源量的属性，控制 ApplicationMaster 内存、CPU 的 `yarn.app.mapreduce.am.resource.mb`、`yarn.app.mapreduce.am.resource.cpu-vcores` 和 `yarn.app.mapreduce.am.command-opts`。控制 Map 任务和 Reduce 任务内存的配置是 `mapreduce.map.memory.mb`、`mapreduce.reduce.memory.mb`，注意还有与其成对出现的 `mapreduce.map.java.opts` 和 `mapreduce.reduce.java.opts`。

MapReduce 的应用较为广泛，内部流程也较为烦琐，因此其可优化的内容较多。其中有为了减少 IO 操作而开启的自动压缩和 Shared Cache 功能。可压缩的内容包括 MapReduce 的输出，由 `mapreduce.output.fileoutputformat.compress` 和 `mapreduce.output.fileoutputformat.compress.codec` 属性控制，Map 任务输出的内容也可以压缩，由 `mapreduce.map.output.compress` 和 `mapreduce.map.output.compress.codec` 属性控制。Shared Cache 功能是在 Hadoop 3.0 中新引入的，用于缓存任务运行时所需的文件，由 `mapreduce.job.sharedcache.mode`

属性控制所缓存文件的类型。

优化 MapReduce 最为重要的一个思路就是优化 Shuffle，这也是最难优化的地方，Shuffle 主要涉及排序和数据传输过程。排序的优化思路是使资源尽可能在内存中排序和避免不必要的排序从而减少排序次数，`mapreduce.task.io.sort.mb` 和 `mapreduce.reduce.shuffle.input.buffer.percent` 属性用于控制排序时所需的内存大小，`mapreduce.task.io.sort.factor` 属性用于控制每次排序的对象个数，`mapreduce.reduce.shuffle.merge.percent` 属性用于控制 Reduce 任务堆排序的触发次数，调整其中后两个属性可以减少排序的次数。数据传输的优化思路是可开启压缩和调整 `mapreduce.reduce.shuffle.parallelcopies` 属性，此属性用于控制 Reduce 任务抓取数据的线程数。最后还可以通过 `mapreduce.job.reduce.slowstart.completedmaps`、`yarn.app.mapreduce.am.job.reduce.rampup.limit` 和 `mapreduce.reduce.input.buffer.percent` 属性控制 Reduce 任务的启动时机，避免启动太早占用大量的资源。

为了方便查找已运行结束的任务，MapReduce 框架提供了一个 job history 服务，该服务需要配置 `mapreduce.jobhistory.address` 属性、服务网址 `mapreduce.jobhistory.webapp.address`、任务日志的存放目录 `mapreduce.jobhistory.intermediate-done-dir` 和 `mapreduce.jobhistory.done-dir`。**mapred-site.xml** 文件的内容如下：

```xml
<?xml version="1.0"?>
<?xml-stylesheet type="text/xsl" href="configuration.xsl"?>
<!--
  Licensed under the Apache License, Version 2.0 (the "License");
  you may not use this file except in compliance with the License.

  Unless required by applicable law or agreed to in writing, software
  distributed under the License is distributed on an "AS IS" BASIS,
  WITHOUT WARRANTIES OR CONDITIONS OF ANY KIND, either express or implied.
  See the License for the specific language governing permissions and
  limitations under the License. See accompanying LICENSE file.
-->

<configuration>
  <property>
    <name>mapreduce.framework.name</name>
    <value>yarn</value>
    <final>true</final>
  </property>
  <property>
    <name>mapreduce.jobhistory.address</name>
    <value>192.168.1.13:10020</value>
  </property>
  <property>
    <name>mapreduce.jobhistory.webapp.address</name>
    <value>192.168.1.13:19888</value>
```

```xml
  </property>
  <property>
    <name>mapreduce.jobhistory.joblist.cache.size</name>
    <value>70000</value>
  </property>
   <!-- hdfs path -->
  <property>
    <name>mapreduce.jobhistory.intermediate-done-dir</name>
    <value>/mr_history/intermediate</value>
  </property>
  <property>
    <name>mapreduce.jobhistory.done-dir</name>
    <value>/mr_history/done</value>
  </property>
<!-- 开启压缩 -->
  <property>
    <name>mapreduce.output.fileoutputformat.compress</name>
    <value>true</value>
  </property>
  <property>
    <name>mapreduce.output.fileoutputformat.compress.codec</name>
    <value>com.hadoop.compression.lzo.LzopCodec</value>
  </property>
  <property>
    <name>mapreduce.map.output.compress</name>
    <value>true</value>
  </property>
  <property>
    <name>mapreduce.map.output.compress.codec</name>
    <value>com.hadoop.compression.lzo.LzopCodec</value>
  </property>
  <property>
    <name>io.compression.codec.lzo.class</name>
    <value>com.hadoop.compression.lzo.LzopCodec</value>
  </property>
<!-- 如果集群小文件过多的话，可以开启，或者针对个别任务配置
  <property>
    <name>mapreduce.job.inputformat.class</name>
    <value>org.apache.hadoop.mapreduce.lib.input.CombineTextInputFormat</value>
  </property>
-->
  <property>
    <name>mapreduce.input.fileinputformat.split.maxsize</name>
    <value>268435456</value>
  </property>
  <property>
    <name>mapred.child.env</name>
    <value>LD_LIBRARY_PATH=${HADOOP_HOME}/lzo/lib</value>
  </property>

  <property>
    <name>yarn.app.mapreduce.am.resource.mb</name>
    <value>2048</value>
  </property>
```

```
    <property>
        <name>yarn.app.mapreduce.am.resource.cpu-vcores</name>
        <value>2</value>
    </property>
    <property>
        <name>mapreduce.am.max-attempts</name>
        <value>2</value>
    </property>
    <property>
        <name>yarn.app.mapreduce.am.command-opts</name>
        <value>-Xmx1638m -Xms1638m -Xmn256m -XX:MaxDirectMemorySize=128m
          -XX:SurvivorRatio=6 -XX:MaxPermSize=128m</value>
    </property>
    <property>
        <name>mapreduce.map.memory.mb</name>
        <value>2548</value>
    </property>
    <property>
        <name>mapreduce.reduce.memory.mb</name>
        <value>4596</value>
    </property>
    <property>
        <name>mapreduce.map.java.opts</name>
        <value>-Xmx2048m -Xms2048m -Xmn256m -XX:MaxDirectMemorySize=128m
          -XX:SurvivorRatio=6 -XX:MaxPermSize=128m -XX:ParallelGCThreads=10</value>
    </property>
    <property>
        <name>mapreduce.reduce.java.opts</name>
        <value>-Xmx4096m -Xms4096m -Xmn256m -XX:MaxDirectMemorySize=128m
          -XX:SurvivorRatio=6 -XX:MaxPermSize=128m -XX:ParallelGCThreads=10</value>
<!-- 谨慎开启，开启之后针对个别任务的个性化设置将失效-->
        <!-- <final>true</final> -->
    </property>
<!-- shuffle 优化 -->
    <property>
        <name>mapreduce.task.io.sort.factor</name>
        <value>100</value>
    </property>
    <property>
        <name>mapreduce.task.io.sort.mb</name>
        <value>512</value>
    </property>
    <property>
        <name>mapreduce.reduce.shuffle.parallelcopies</name>
        <value>10</value>
    </property>
    <property>
        <name>mapreduce.reduce.shuffle.merge.percent</name>
        <value>0.8</value>
    </property>
<!-- reduce 启动时机控制 -->
    <property>
        <name>mapreduce.job.reduce.slowstart.completedmaps</name>
        <value>70</value>
```

```
    </property>
    <property>
      <name>mapreduce.reduce.input.buffer.percent</name>
      <value>0.25</value>
    </property>
    <property>
      <name>mapreduce.map.speculative</name>
      <value>true</value>
    </property>
</configuration>
```

在 yarn-site.xml 中常用的配置大多数是些功能性的配置，比如与 ResourceManager HA 相关、与 ResourceManager 重启恢复以及资源调度器相关的配置。重启恢复是通过存储任务的状态使得 ResourceManager 切换成功之后能够自行恢复任务，从而减少人工介入，所以开启这个功能尤为重要，需通过配置 `yarn.resourcemanager.recovery.enabled` 属性开启，然后设置任务状态的存储介质属性 `yarn.resourcemanager.store.class`。YARN 中最重要的一个功能是资源调度，这是一个插件化的功能，通过 `yarn.resourcemanager.scheduler.class` 指定调度策略，随后在 capacity-scheduler.xml 或者 fair-scheduler.xml 文件中指定具体的队列配置。当集群规模扩大时，难免会存在一些异构的情况，那么在调度任务时不仅需要考虑 NodeManager 上内存和 CPU 的使用情况，还需要考虑一些其他指标，比如磁盘或者网络 IO，此时可以使用 `yarn.nodemanager.health-checker.script.path` 属性配置一个监控脚本，当监控的节点指标产生异常时就认为该节点不健康，并将状态汇报给 ResourceManager。最后还有一些小优化，例如集群规模大的话可以通过 `yarn.resourcemanager.nodemanagers.heartbeat-interval-ms` 减少心跳频次，并通过 `yarn.scheduler.fair.assignmultiple` 和 `yarn.scheduler.fair.continuous-scheduling-enabled` 提高资源分配效率。yarn-site.xml 文件的内容如下：

```
<?xml version="1.0"?>
<?xml-stylesheet type="text/xsl" href="configuration.xsl"?>
<!--
  Licensed under the Apache License, Version 2.0 (the "License");
  you may not use this file except in compliance with the License.

  Unless required by applicable law or agreed to in writing, software
  distributed under the License is distributed on an "AS IS" BASIS,
  WITHOUT WARRANTIES OR CONDITIONS OF ANY KIND, either express or implied.
  See the License for the specific language governing permissions and
  limitations under the License. See accompanying LICENSE file.
-->

<configuration>
  <!--ha 相关配置 -->
  <property>
    <name>yarn.resourcemanager.ha.enabled</name>
    <value>true</value>
  </property>
  <property>
```

```xml
    <name>yarn.resourcemanager.cluster-id</name>
    <value>rm-ha</value>
</property>
<property>
    <name>yarn.resourcemanager.ha.rm-ids</name>
    <value>rm1,rm2</value>
</property>
<property>
    <name>yarn.resourcemanager.hostname.rm1</name>
    <value>192.168.1.12</value>
</property>
<property>
    <name>yarn.resourcemanager.hostname.rm2</name>
    <value>192.168.1.13</value>
</property>
<!-- rm1 相关地址 -->
<property>
    <name>yarn.resourcemanager.resource-tracker.address.rm1</name>
    <value>192.168.1.12:8031</value>
</property>
<property>
    <name>yarn.resourcemanager.scheduler.address.rm1</name>
    <value>192.168.1.12:8030</value>
</property>
<property>
    <name>yarn.resourcemanager.address.rm1</name>
    <value>192.168.1.12:8032</value>
</property>
<property>
    <name>yarn.resourcemanager.admin.address.rm1</name>
    <value>192.168.1.12:8033</value>
</property>
<property>
    <name>yarn.resourcemanager.webapp.address.rm1</name>
    <value>192.168.1.12:8088</value>
</property>
<!-- rm2 相关地址 -->
...
<!-- 重启恢复 -->
<property>
    <name>yarn.resourcemanager.recovery.enabled</name>
    <value>true</value>
</property>
<property>
    <name>yarn.resourcemanager.store.class</name>
    <value>org.apache.hadoop.yarn.server.resourcemanager.recovery.ZKRMStateStore</value>
</property>
        <property>
          <name>yarn.resourcemanager.zk-state-store.parent-path</name>
          <value>/rmstore</value>
        </property>
<property>
    <name>yarn.resourcemanager.zk-address</name>
    <value>192.168.1.1:2181,192.168.1.12:2181,192.168.1.13:2181/rm-ha</value>
```

```
    </property>
    <property>
      <name>yarn.resourcemanager.ha.automatic-failover.enabled</name>
      <value>true</value>
    </property>
    <property>
      <name>yarn.resourcemanager.ha.automatic-failover.embedded</name>
      <value>true</value>
    </property>
    <property>
      <name>yarn.client.failover-proxy-provider</name>
      <value>org.apache.hadoop.yarn.client.ConfiguredRMFailoverProxyProvider</value>
    </property>
<!-- 开启日志聚合 -->
    <property>
      <name>yarn.log-aggregation-enable</name>
      <value>true</value>
    </property>
    <property>
      <name>yarn.application.classpath</name>
      <value>
        $HADOOP_HOME/etc/hadoop/,
        $HADOOP_HOME/share/hadoop/common/*,$HADOOP_HOME/share/hadoop/common/lib/*,
        $HADOOP_HOME/share/hadoop/hdfs/*,$HADOOP_HOME/share/hadoop/hdfs/lib/*,
        $HADOOP_HOME/share/hadoop/mapreduce/*,$HADOOP_HOME/share/hadoop/mapreduce/lib/*,
        $HADOOP_HOME/share/hadoop/yarn/*,$HADOOP_HOME/share/hadoop/yarn/lib/*,
        $HADOOP_HOME/share/hadoop/tools/lib/*
      </value>
    </property>
    <!-- MapReduce Spark on YARN -->
    <property>
      <name>yarn.nodemanager.aux-services</name>
      <value>mapreduce_shuffle,spark_shuffle</value>
    </property>
    <property>
      <name>yarn.nodemanager.aux-services.mapreduce.shuffle.class</name>
      <value>org.apache.hadoop.mapred.ShuffleHandler</value>
    </property>

    <property>
      <name>yarn.nodemanager.aux-services.spark_shuffle.class</name>
      <value>org.apache.spark.network.yarn.YarnShuffleService</value>
    </property>

    <!-- 配置多块磁盘目录，用逗号隔开 -->
    <property>
      <name>yarn.nodemanager.local-dirs</name>
      <value>file:///data0/yarn/nm-local-dir,file:///data1/yarn/nm-local-dir</value>
      <description>

        应用的资源本地性目录，目录结构为：
        ${yarn.nodemanager.local-dirs}/usercache/${user}/appcache/application_${appid}.
      </description>
    </property>
```

```
<property>
  <name>yarn.nodemanager.log-dirs</name>
  <value>file:///data0/yarn/userlogs,file:///data1/yarn/userlogs</value>
</property>
  <property>
    <name>yarn.nodemanager.log.retain-seconds</name>
    <value>10800</value>
    <!-- 3days -->
  </property>
<property>
  <name>yarn.nodemanager.remote-app-log-dir</name>
  <value>/yarn/apps/logs</value>
</property>
<property>
  <name>yarn.app.mapreduce.am.staging-dir</name>
  <value>/yarn/staging</value>
</property>
  <!-- spark history server log-->
  <property>
    <name>yarn.log.server.url</name>
    <value>http://192.168.1.101::19888/jobhistory/logs</value>
  </property>
<property>
  <name>yarn.resourcemanager.am.max-retries</name>
  <value>4</value>
</property>
<property>
  <name>yarn.resourcemanager.am.max-attempts</name>
  <value>4</value>
</property>
<property>
  <name>yarn.app.mapreduce.am.scheduler.connection.wait.interval-ms</name>
  <value>5000</value>
</property>
<property>
  <name>yarn.am.liveness-monitor.expiry-interval-ms</name>
  <value>120000</value>
</property>
<property>
  <name>yarn.resourcemanager.rm.container-allocation.expiry-interval-ms</name>
  <value>120000</value>
</property>
<!-- nodemanager 用于计算的内存资源 -->
  <property>
    <name>yarn.nodemanager.resource.memory-mb</name>
    <value>20480</value>
  </property>
<!-- nodemanager 用于计算的CPU 资源 -->
  <property>
    <name>yarn.nodemanager.resource.cpu-vcores</name>
    <value>25</value>
  </property>
```

```xml
<!-- 设置调度策略为 fair scheduler-->
  <property>
    <name>yarn.resourcemanager.scheduler.class</name>
    <value>org.apache.hadoop.yarn.server.resourcemanager.scheduler.fair.
      FairScheduler</value>
  </property>
  <property>
    <name>yarn.scheduler.fair.allocation.file</name>
    <value>/opt/hadoop/etc/hadoop/fair-scheduler.xml</value>
  </property>
  <property>
    <name>yarn.scheduler.fair.user-as-default-queue</name>
    <value>false</value>
  </property>
  <property>
    <name>yarn.scheduler.fair.preemption</name>
    <value>false</value>
  </property>
  <property>
    <name>yarn.scheduler.fair.assignmultiple</name>
    <value>true</value>
  </property>
  <property>
    <name>yarn.scheduler.fair.max.assign</name>
    <value>3</value>
  </property>
  <property>
    <name>yarn.scheduler.fair.continuous-scheduling-enabled</name>
    <value>true</value>
  </property>
  <property>
    <name>yarn.scheduler.maximum-allocation-vcores</name>
    <value>10</value>
  </property>
  <property>
    <name>yarn.scheduler.minimum-allocation-mb</name>
    <value>512</value>
  </property>
    <property>
      <name>yarn.scheduler.maximum-allocation-mb</name>
      <value>32768</value>
    </property>
<!-- 开启 container 内存检查，如果使用的资源超过申请的值，则被杀掉 -->
  <property>
    <name>yarn.nodemanager.pmem-check-enabled</name>
    <value>true</value>
  </property>
  <property>
    <name>yarn.nodemanager.vmem-check-enabled</name>
    <value>true</value>
  </property>
  <property>
```

```
    <name>yarn.nodemanager.vmem-pmem-ratio</name>
    <value>100</value>
  </property>
  <property>
    <name>yarn.nodemanager.disk-health-checker.max-disk-utilization-per-disk-
      percentage</name>
    <value>97.0</value>
  </property>
<!-- 指定 nodemanager address 端口-->
  <property>
    <name>yarn.nodemanager.address</name>
    <value>${yarn.nodemanager.hostname}:65033</value>
  </property>
</configuration>
```

hadoop-env.sh 文件主要用于修改 Hadoop 中各个进程的 jvm 相关的参数, 通过 HADOOP_ NAMENODE_OPTS 和 HADOOP_DATANODE_OPTS 属性修改 NameNode 和 DataNode 的 jvm 参数,包括堆大小、垃圾回收算法、垃圾回收日志和存放日志的目录。相应地,可以在 yarn-env.sh 中修改 ResourceManager 和 NodeManager, 在 mapred-env.sh 中修改 MapReduce 的历史服务器。

修改完以上这些配置文件就可以启动服务了, Hadoop 2.x 中的命令在 Hadoop 3.x 中也可以使用, 只不过会提示建议输出, Hadoop 3.x 的标准启动命令只是将 hadoop|yarn-daemon.sh 变成了 hdfs|yarn --daemon。

在生产环境中部署集群肯定需要对一些参数进行调优, 个人感觉调优的一个原则是遇到问题再去调优, 这样不仅能更好地理解底层原理, 还能加深印象。切记不要为了调优而调优, 所以这里列出的优化项只是一些通用且基础的值, 更高阶的需要遇到问题后去独立解决。

## 5.1.2　Hadoop 3.x Federation 的部署

Hadoop HA 模式虽然已经可以满足大多数场景, 但是当集群规模太大、性能达到瓶颈或者需要维护多个集群时, 就需要考虑部署 Hadoop Federation 模式, 使集群能够横向扩展以避免性能瓶颈, 或者将多个集群合并为一个联邦集群以减少运维成本。Hadoop 3.x 不仅对 HDFS 的 Federation 进行了升级, 还增加了 YARN 的 Federation。

HDFS 2.0 的 Federation 的统一视图采用 viewfs 的模式, 因为这种方式是基于客户端模式的, 更新时需要更新所有的客户端, 不利于维护, 所以在 HDFS 3.0 中使用基于 Router 的 Federation (后面简称 RBF) 模式。RBF 是基于服务器端的, 新增了一个 Router 组件, 向客户端暴露一个全局的 NameNode 接口, 将客户端的请求转发给合适子集群的 Active NameNode。

在 HDFS HA 模式下部署 RBF 较为简单,只需先将子集群部署为一个普通的 Federation 集群, 然后在各个 NameNode 的 hdfs-site.xml 配置文件中增加 Router 相关的配置项即可。如果 HDFS 不是 HA 模式，则 NameNode 最好设置与 `dfs.nameservices` 相关的配置，例如 `dfs.namenode.rpc-address.EXAMPLENAMESERVICE`，因为 Router 如果远程监听 NameNode 的话，需要配置 `dfs.federation.router.monitor.namenode` 的值为 `nameservices`。

在 hdfs-site.xml 文件中增加的内容分为两部分，一部分是与 Router 服务配置相关的，另一部分是与性能相关的。与 Router 服务配置相关的参数包括设置 HTTP 服务器、State Store 和要监听的 NameNode，其中 HTTP 服务器和 State Store 使用默认值就行，被监听的 NameNode 默认是监听本地，如果需要监听远程 NameNode 可以通过 `dfs.federation.router.monitor.namenode` 属性设置。与性能相关的配置是有关于 Router RPC 的，这个 RPC 用于接收客户端的请求，与 NameNode 接收客户端请求的 RPC 配置类似，其值最好是子集群个数与 NameNode RPC 相关配置项的乘积，例如假设有 2 个子集群，每个子集群中 NameNode 的 RPC 处理器值为 10，则 `dfs.federation.router.handler.count` 参数的值就是 2 和 10 的乘积，Router 还开放了几个 NameNode 未开放的 RPC 参数，例如 `dfs.federation.router.handler.queue.size`。除了 RPC 相关的，还有一个线程池可以调整线程数，这里的线程负责将客户端的请求转发到指定的 NameNode。这些性能参数可根据生产环境进行调整，于是在启动 Router 服务的 hdfs-site.xml 文件中新增的内容如下：

```
<property>
  <name>dfs.federation.router.monitor.namenode</name>
  <value>EXAMPLENAMESERVICE</value>
</property>
<property>
  <name>dfs.federation.router.handler.count</name>
  <value>200</value>
</property>
<property>
  <name>dfs.federation.router.reader.count</name>
  <value>200</value>
</property>
<property>
  <name>dfs.federation.router.connection.pool-size</name>
  <value>10</value>
</property>
```

对于 RBF 来说，客户端虽然不需要配置路径映射表，但需要在 hdfs-site.xml 文件中增加一个新的 `nameservice`，其对应的 NameNode 是 Router 地址，具体的新增内容如下：

```
<!-- 增加 Router 对应的 nameservice -->
<property>
  <name>dfs.nameservices</name>
  <value>rns1,rns2,router-fed</value>
</property>
<property>
  <name>dfs.namenode.rpc-address.router-fed.r1</name>
```

```
      <value>router01:8888</value>
    </property>
    <property>
      <name>dfs.namenode.rpc-address.router-fed.r2</name>
      <value>router02:8888</value>
    </property>
    <property>
      <name>dfs.client.failover.proxy.provider.router-fed</name>
      <value>org.apache.hadoop.hdfs.server.namenode.ha.ConfiguredFailoverProxyProvider
      </value>
    </property>
    <property>
      <name>dfs.client.failover.random.order</name>
      <value>true</value>
      <description>
      设置为 true 则可以将请求在 Router 之间进行负载均衡
      </description>
    </property>
```

此时可以通过更改 core-site.xml 文件的 fs.defaultFS 属性为 router-fed，使客户端默认使用联邦视图。Router 提供了丰富的 Web 页面，可以在页面上查看查看 Subclusters、Routers、DataNodes 和 Mount table 等信息，Web 默认端口是 50071，挂载的目录视图如图 5-1 所示。需要注意的是一个全局目录（Global path）可以映射到多个子集群中。

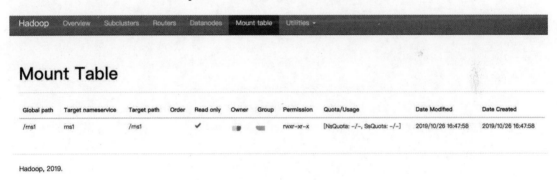

图 5-1　挂载的目录视图

Hadoop 3.x 中新增了 YARN Federation 模式，它也需要启动一个 Router 服务，但是这个 Router 和 HDFS 的 Router 不一样，需要单独启动，HDFS 的 Router 进程名为 DFSRouter，YARN 的 Router 进程名为 Router。除此之外，YARN 还需要在 yarn-site.xml 文件中增加一些配置，这里要注意客户端的配置和集群中其他节点的配置不一样。在集群中各节点的 yarn-site.xml 文件中添加如下内容：

```
    <property>
      <name>yarn.federation.enabled</name>
      <value>true</value>
    </property>
<!-- 各个子集群的唯一 ID -->
    <property>
```

```xml
    <name>yarn.resourcemanager.cluster-id</name>
    <value>c1</value>
  </property>
  <property>
    <name>yarn.client.failover-proxy-provider</name>
    <value>org.apache.hadoop.yarn.server.federation.failover.
      FederationRMFailoverProxyProvider</value>
  </property>
  <property>
    <name>yarn.federation.state-store.class</name>
    <value>org.apache.hadoop.yarn.server.federation.store.impl.
      ZookeeperFederationStateStore</value>
  </property>
  <property>
    <name>hadoop.zk.address</name>
    <value>192.168.1.1:2181,192.168.1.12:2181,192.168.1.13:2181</value>
  </property>
  <property>
    <name>yarn.federation.zk-state-store.parent-path</name>
    <value>/yarn-fed</value>
  </property>
  <property>
    <name>yarn.federation.failover.enabled</name>
    <value>true</value>
  </property>
<!-- 各子集群唯一 -->
  <property>
    <name>yarn.resourcemanager.epoch</name>
    <value>1</value>
  </property>
  <property>
    <name>yarn.resourcemanager.epoch.range</name>
    <value>1000</value>
  </property>
<!-- Router 相关配置 -->
  <property>
    <name>yarn.router.bind-host</name>
    <value>192.168.1.70</value>
  </property>
  <property>
    <name>yarn.router.clientrm.interceptor-class.pipeline</name>
    <value>org.apache.hadoop.yarn.server.router.clientrm.FederationClientInterceptor
    </value>
  </property>
  <property>
    <name>yarn.router.webapp.address</name>
    <value>192.168.1.70:8089</value>
  </property>
  <property>
    <name>yarn.router.clientrm.address</name>
    <value>192.168.1.70:8050</value>
  </property>
  <property>
    <name>yarn.router.webapp.interceptor-class.pipeline</name>
```

```
      <value>org.apache.hadoop.yarn.server.router.webapp.FederationInterceptorREST
      </value>
  </property>
<!-- 开启 AMRMProxy -->
  <property>
    <name>yarn.nodemanager.amrmproxy.enabled</name>
    <value>true</value>
  </property>
  <property>
    <name>yarn.nodemanager.amrmproxy.interceptor-class.pipeline</name>
    <value>org.apache.hadoop.yarn.server.nodemanager.amrmproxy.
      FederationInterceptor</value>
  </property>
```

而客户端的 yarn-site.xml 文件中不添加上面的内容，只添加如下内容：

```
<property>
  <name>yarn.resourcemanager.address</name>
  <value>192.168.1.70:8050</value>
</property>
<property>
  <name>yarn.resourcemanager.scheduler.address</name>
  <value>localhost:8049</value>
</property>
```

修改完配置文件之后，就可以正常提交任务了。注意如果部署的是 Hadoop 3.2.0，则开启 YARN Federation 模式时可能会遇到任务无法正常调度的问题，此时 ApplicationMaster 的报错内容为：

```
2019-06-25 11:44:00,977 ERROR [RMCommunicator Allocator]
org.apache.hadoop.mapreduce.v2.app.rm.RMCommunicator: ERROR IN CONTACTING RM.
java.lang.NullPointerException at
org.apache.hadoop.mapreduce.v2.app.rm.RMContainerAllocator.handleJobPriorityChange
(RMContainerAllocator.java:1025) at
org.apache.hadoop.mapreduce.v2.app.rm.RMContainerAllocator.getResources(RMContaine
rAllocator.java:880) at
org.apache.hadoop.mapreduce.v2.app.rm.RMContainerAllocator.heartbeat(RMContainerAl
locator.java:286) at
org.apache.hadoop.mapreduce.v2.app.rm.RMCommunicator$AllocatorRunnable.run(RMCommu
nicator.java:280) at java.lang.Thread.run(Thread.java:748)
```

其原因是 ApplicationPriority 属性没有被赋值，导致读取该属性时报 NPE，此问题已修复并提交给社区，具体 issue 可以查看 YARN-9655。

## 5.2　Hadoop 升级

在企业中使用最早的 Hadoop 版本是 0.2x，而现在最新的版本是 3.2.0。企业为了能够更好地利用社区的力量，也为了能够使用更优质的功能，获取更好的使用体验，需要对 Hadoop 进行不断的升级。普通应用可以一键升级，而 Hadoop 的升级需要对各个组件进行单独升级，而且在升级过程中可能由于操作不当或者各版本的兼容性问题而需要进行回滚，所以在升级之前需要进行严格且充分的测试，制定严谨的升级流程并且严格按照此流程操作。升级过程中最容易出现问题的组件是 HDFS，出现问题后所导致后果最严重的也是 HDFS，尤其是在跨版本升级时，HDFS 的升级将是重中之重。

按照 Hadoop 的版本迭代顺序，Hadoop 的跨版本升级有 Hadoop 1.0 升级为 Hadoop 2.0 和 Hadoop 2.0 升级为 Hadoop 3.0，其中 Hadoop 1.0 升级为 Hadoop 2.0 只能离线升级，Hadoop 2.0 在 2.4.0 版本之后支持滚动升级，因此如果当前版本为 Hadoop 2.4.0 之后的版本，可以不停机直接滚动升级到 Hadoop 3.0。

由于 Hadoop 1.0 不支持 NameNode HA 模式，因此对它的升级只能是停机离线升级。停机离线升级的优点是操作简单而且不会损害数据；缺点是对用户不友好，在升级过程中无法正常提供服务，具体的升级步骤如下。

第一步：备份元数据。

☐ 在备份元数据之前，为避免在备份过程中元数据发生变化，执行 `hadoop dfsadmin -safemode enter` 命令使 NameNode 进入安全模式，禁止写操作。

☐ 执行 `hadoop dfsadmin -saveNamespace` 命令以持久化 NameNode 内存中的元数据信息。

☐ 执行 `tar -zcvf dfs.namenode.name.dir.tar.gz dfs.namenode.name.dir` 命令，手动压缩备份元数据。

第二步：停止 Hadoop 相关的服务。

第三步：升级 Hadoop 为非 HA 模式。

☐ 修改软连接，使 `HADOOP_HOME` 指向 `Hadoop 1`。

☐ 执行 `start-dfs.sh -upgrade` 命令，实现升级。

第四步：配置 HDFS 为 HA 模式。

☐ 在修改相关配置之前，先停止刚升级成功的 Hadoop 相关服务。

☐ 修改相关配置之后，执行 `hdfs zkfc -formatZK` 命令格式化 ZooKeeper 目录，然后执行 `hadoop-daemon.sh start zkfc` 命令启动 ZKFC。

☐ 启动 JournalNode 集群，先在所有 JournalNode 机器上执行 `hadoop-daemon.sh start journalnode` 命令，然后执行 `hdfs namenode -initializeSharedEdits` 命令格式化目录。

- □ 启动 NameNode，先执行 `hadoop-daemon.sh start namenode` 命令，此时的 NameNode 为 Active 节点，然后在另一台 NameNode 机器上执行 `hdfs namenode -bootstrapStandby` 命令，之后再启动 NameNode。
- □ 启动 DataNode，执行 `hadoop-daemons.sh start datanode` 命令以启动所有的 DataNode。

第五步：结束升级。

执行 `hdfs dfsadmin -finalizeUpgrade` 命令，结束 HDFS 升级。

第六步：升级 YARN，直接启动 YARN 相关的服务即可。

现在大多数公司都已升级到 Hadoop 2.0 或者直接使用的就是 Hadoop 2.0，所以 Hadoop 1.0 升级 Hadoop 2.0 的具体流程以及细节就不在此展开了。本节接下来重点介绍下 Hadoop 2.0 升级为 Hadoop 3.0 的流程以及升级过程中遇到的问题。（本节是从 Apache Hadoop 2.7.5 升级到 Apache Hadoop 3.2.0）

## 5.2.1　Hadoop 2.0 升级为 Hadoop 3.0

HDFS 升级过程涉及的组件比较多，各个组件可以单独升级，互不干扰，其中最为重要的组件是 NameNode，NameNode 在 2.4.0 版本之后的版本中支持滚动升级，这极大地提高了升级的友好性。本节将介绍把 NameNode 从 HDFS 2.7.5 滚动升级到 HDFS 3.2.0 的流程以及在升级中遇到的问题。

滚动升级的前提是 NameNode 为 HA 模式，因此涉及升级的组件有 NameNode、DataNode、JournalNode 和 ZKFC。其中 JournalNode 是一个节点数为 2$n$+1 的集群，可容忍 $n$ 个节点挂掉，所以对其升级时直接停止服务逐个升级即可，但是要注意在各节点的升级之间要有一定的时间间隔，避免节点之间的数据同步出现问题，造成写入失败，导致 NameNode 死机。ZKFC 的主要作用是对 NameNode 进行故障转移，所以可以和 NameNode 同步升级。

在正式开始升级之前还需要一些准备工作，主要是检查 HDFS 集群的状态，比如是否有丢失的数据块和当前的目录结构以及大小。再者就是修改好要升级的 HDFS 3.0 安装包中的配置信息并把它放到指定目录。最后一步也是准备工作最关键的一步，是备份 fsimage 文件，以免在升级过程中出现不可逆转的故障时，可以将集群回滚到升级前的状态，从而将损失降到最小。HDFS 2.0 提供了备份 fsimage 文件的命令，使得无须手动备份元数据，此外它还提供了命令用于查询备份的状态。

备份 fsimage 文件的命令是 `hdfs dfsadmin -rollingUpgrade prepare`，此命令的输出结果为：

```
PREPARE rolling upgrade ...
Preparing for upgrade. Data is being saved for rollback.
Run "dfsadmin -rollingUpgrade query" to check the status
for proceeding with rolling upgrade
  Block Pool ID: BP-310113034-127.0.0.1-1566540582000
    Start Time: Wed Sep 11 15:35:41 CST 2019 (=1568187341731)
  Finalize Time: <NOT FINALIZED>
```

从上述输出结果中也可以看出用于查询备份状态的命令是 `dfsadmin -rollingUpgrade query`，可以多次查询，当出现 `Proceed with rolling upgrade:` 时表示备份结束，执行此命令的完整输出结果为：

```
# 备份中
QUERY rolling upgrade ...
Preparing for upgrade. Data is being saved for rollback.
Run "dfsadmin -rollingUpgrade query" to check the status
for proceeding with rolling upgrade
  Block Pool ID: BP-310113034-127.0.0.1-1566540582000
    Start Time: Wed Sep 11 15:35:41 CST 2019 (=1568187341731)
  Finalize Time: <NOT FINALIZED>
# 如果输出上述内容，则再次执行该命令，直到输出如下内容结束
QUERY rolling upgrade ...
Proceed with rolling upgrade:
  Block Pool ID: BP-310113034-127.0.0.1-1566540582000
    Start Time: Wed Sep 11 15:35:41 CST 2019 (=1568187341731)
  Finalize Time: <NOT FINALIZED>
```

fsimage 文件的备份命令执行成功之后，可在 HDFS 的 Web 页面看到 fsimage 备份相关信息的提示，如图 5-2 所示。

```
Rolling upgrade started at Thu Sep 19 19:26:38 +0800 2019.
Rollback image has been created. Proceed to upgrade daemons.
```

图 5-2　fsimage 文件的备份信息

准备工作结束之后，就开始正式升级了，各相关组件的升级顺序是 JournalNode、NameNode、ZKFC 和 DataNode。执行升级命令的时候要注意当前 Hadoop 的版本是否为指定版本。

● **升级 JournalNode 集群**

升级 JournalNode 集群时，先挑选一台 JournalNode 机器将软连接指定到 Hadoop 3.0 版本，然后重启此服务，执行命令 `hdfs --daemon start|stop journalnode`，观察 JournalNode 的执行日志，待出现 `Finalizing edits file /hadoop-fed/journal/ha-joural/current/edits_inprogress_0000000000000028844 -> /hadoop-fed/journal/ha-joural/current/edits_0000000000000028844-0000000000000033570` 之后，再依次升级其他 JournalNode 服务；也可直接在 NameNode 的 Web 页面观察 JournalNode 的状态，待数据同步正常之后升级其

他 JournalNode 服务。NameNode 的 Web 页面中 JournalNode 状态信息如图 5-3 所示。

图 5-3　JournalNode 状态信息

- **滚动升级 NameNode 和 ZKFC**

滚动升级 NameNode 利用了 HA 机制，先升级 Standby NameNode，再升级 Active NameNode，在升级 Active NameNode 时，HA 机制会自动进行主备切换，使已经升级成功的 Standby NameNode 由 Standby 状态变为 Active 状态，从而继续提供服务，使用户对升级过程无感知，从而达到滚动升级的效果。对于 ZKFC 升级，在升级重启 NameNode 的时候顺便把节点上的 ZKFC 服务重启升级即可。

具体的升级步骤是先停掉 Standby NameNode 所在机器上的 NameNode 和 ZKFC，然后执行 `hdfs --daemon start namenode -rollingUpgrade started` 命令升级 NameNode，待 NameNode 升级成功之后执行 `hdfs --daemon start zkfc` 命令启动 ZKFC。这里需要注意的是默认端口的变化，比如在 HDFS 2.0 中 `dfs.namenode.http-address` 的默认端口是 50070，而在 HDFS 3.0 中此端口就变为了 9870。

Standby NameNode 升级之后可通过运行日志和 Web 页面查看升级是否成功，如果已经成功，则开始升级 Active NameNode。其步骤与 Standby NameNode 的升级步骤一样，先升级 NameNode，成功之后再升级 ZKFC。不过这里有个小技巧需要掌握，就是操作 Active NameNode 节点的时候，要先停 NameNode 再停 ZKFC。因为如果先停 ZKFC 的话，会导致已经升级成功的 Standby NameNode 无法迅速切换为 Active 状态，具体的原因是，Active NameNode 在 ZooKeeper 上创建的临时节点需要等 ZKFC 与 ZooKeeper 的 session 过期之后才会消失，这时 Standby NameNode 才能切换状态，即会有一定的延迟，在延迟期间集群将无法使用。如果不小心先停了 ZKFC 或者有其他原因导致 Standby NameNode 没有迅速切换为 Active 状态，则可以将 ZooKeeper 中保存的 ActiveStandbyElectorLock 节点删除，此时就可以正常切换了。

- **升级 DataNode**

DataNode 的升级与其他组件不同，其他组件的升级要么是直接重启，要么是启动的时候增加与升级相关的命令，而 DataNode 的升级是在停机的时候增加与升级相关的命令。DataNode 升级时的停机命令为 `hdfs dfsadmin -shutdownDatanode <DATANODE_HOST:IPC_PORT>`

upgrade，如果 IPC_PORT 未设置值，那么在 HDFS 2.0 中默认是 50020，在 HDFS 3.0 中更改为 9867。查看是否完全停机的命令为 `hdfs dfsadmin -getDatanodeInfo <DATANODE_HOST:IPC_PORT>`，DataNode 升级结束之后也可以使用该命令查看 DataNode 的版本信息。待 DataNode 成功停机之后，若执行 `hdfs --daemon start DataNode` 命令后，DataNode 能正常启动则代表升级成功，此时可在 HDFS 的 Web 页面查看到有多个版本的 DataNode 的信息，如图 5-4 所示。

```
Rolling upgrade started at Thu Sep 12 17:25:26 +0800 2019.
Rollback image has been created. Proceed to upgrade daemons.
There are 2 versions of datanodes currently live:2.7.5 (2) ,3.2.0 (1)
```

图 5-4　DataNode 的升级状态

在 Apache 2.7.5 版本中判断 DataNode 是否升级成功可以观察以下三点。

(1) 首先观察 DataNode 是否正常启动。

(2) 观察磁盘中数据块的存储布局。2.7.5 版本中的布局格式为 256×256，而在 3.2.0 中的布局格式为 32×32。

(3) 观察数据块存储目录中 VERSION 文件的布局版本值。2.7.5 版本中记录的布局版本值为 − 56，3.2.0 版本中记录的布局版本值为 − 57。

这三点必须同时满足才代表 DataNode 升级成功。

最后分批操作剩余的 DataNode 即可，等所有服务都升级成功并且运行一段时间之后集群也未出现异常，执行 `hdfs dfsadmin -rollingUpgrade finalize` 命令结束整个升级过程，此时整个 HDFS 集群成功升级到 HDFS 3.0。

● 升级 YARN 集群

YARN 与 HDFS 的升级没有先后顺序的要求，可以先升级 YARN，但笔者是在 HDFS 升级成功之后再升级 YARN 的。因为 HDFS 的升级流程较为烦琐，升级中最容易出现问题，当升级过程遇到无法解决的问题必须回滚时会导致整个升级的失败，需将所有的组件进行回滚。相反 YARN 的升级就较为简单，遇到问题的几率较小。那么如果先升级 YARN，则由于 HDFS 升级失败需要回滚时也得把 YARN 进行回滚。

YARN 的内存中并不存储着不可丢失的状态信息，而且 YARN 支持数据恢复的功能，所以它可以直接停服升级，也可以滚动升级，不过 YARN 的滚动升级只针对 ResourceManager，NodeManager 则需要全部停服然后进行升级。如果选择整体停服升级，流程就是将整个 YARN 2.0 集群停止，然后启动 YARN 3.0 相关的服务即可；如果选择滚动升级，整个流程如下所示。

(1) 停掉整个集群的 NodeManager 服务。

(2) 停掉 Standby ResourceManager 服务，对其进行重启升级。

(3) 停掉 Active ResourceManager 服务，对其进行重启升级。此时 Standby 节点会自动切换为 Active 状态。

至此，整个集群升级完毕。

## 5.2.2　Hadoop 3.0 降级为 Hadoop 2.0

HDFS 在升级成功之后，执行 `hdfs dfsadmin -rollingUpgrade finalize` 命令之前，如果集群有什么异常，NameNode 和 DataNode 可以通过降级而恢复到升级之前的版本，且此期间内写入的数据不会消失；如果升级失败造成集群不可用的话可以将集群进行回滚，此时虽然可以回滚到升级之前的版本，但是升级期间新写入的数据会丢失，数据会恢复到升级之前的状态。

HDFS 降级时，先降级 DataNode，再降级 NameNode。DataNode 的降级与升级命令一样，只是在执行 `hdfs dfsadmin -shutdownDatanode <DATANODE_HOST:IPC_PORT> upgrade` 时要注意 HDFS 3.0 的默认端口为 9867，使用 `hdfs dfsadmin -getDatanodeInfo <DATANODE_HOST: IPC_PORT>` 命令查看 DataNode 停机的状态，停机结束之后切换 HDFS 部署的版本，最后启动 DataNode 即可。降级 NameNode 时，直接停止服务，然后切换 HDFS 版本，再正常启动 NameNode 即可。

降级也可以进行滚动降级，但是如果集群需要回滚的话就只能停机回滚了。回滚时停掉整个集群，将 HDFS 的版本切换到升级之前的版本，然后选择一个 NameNode 为 Active NameNode，执行 `hadoop-daemon.sh start namenode -rollingUpgrade rollback` 命令，随后在另一台 NameNode 上执行 `hdfs namenode -bootstrapStandby && hadoop-daemon.sh start namenode` 启动 Standby NameNode。启动 DataNode 时加上参数 `-rollback` 即可。

如果 YARN 也需要降级的话，可以先把 YARN 3.0 相关的服务停止，然后直接启动 YARN 2.0 相关的服务；也可以把 NodeManager 停止服务，然后滚动降级 ResourceManager，再启动 NodeManager 即可。

## 5.2.3　升级/降级中遇到的问题

升级/降级的流程并不复杂，复杂的是如何处理在升级/降级测试过程中由于 HDFS 2.0 和 HDFS 3.0 的代码兼容性问题而导致的升级或者降级失败的情况。

- **升级**

在 Standby NameNode 升级成功之后，升级 Active NameNode 时会失败，原因是 HDFS 3.0 中支持 EC 策略，与 EC 相关的信息会写入 edits 文件中，而此时 edits 文件的布局版本是升级前的版本（HDFS 2.7.5 的布局版本值是 – 63），那么在升级 Active NameNode 的过程中，加载解析 edits 文件时会因为 layoutVersion 版本信息与实际存储的内容不符造成解析失败，从而无法升级成功。具体原因及解决方案可参考 HDFS-13596，将 HDFS-13596 的 patch 合并到 3.2.0 版本中，再次打包并测试是否升级成功。

在测试环境中升级 DataNode 时没有遇到问题，但是在生产环境中升级时，遇到了部分磁盘未升级成功的问题。在生产环境中 DataNode 挂载了 12 块数据盘，每块盘存储量为 8TB，数据块存储占 75%，此时升级 DataNode 时，会随机地出现个别数据盘未升级成功的情况。观察日志中出现 Datanode state: LV = -56 CTime = 0 is newer than the namespace state: LV = -63 CTime = 0 这样的异常信息，再观察数据盘的数据存储布局和布局版本值均未发生变化，造成集群中出现大量丢失副本的数据块。

解决方案有以下三种。

❑ 将未升级成功的磁盘目录中的布局版本值恢复为升级前的值，即−56，然后再次尝试升级。这时会直接跳过已经升级成功的磁盘，只会修改之前没有升级成功的磁盘。之后如果依然存在未升级成功的磁盘，则重复此操作直到所有磁盘均升级成功为止。

❑ 修改用于判断是否升级成功的逻辑，相关代码在 BlockPoolSliceStorage 类中。部分磁盘之所以未升级成功是因为在执行 doUpgrade 方法之前有个判断条件没有通过，此判断条件为 this.layoutVersion > HdfsServerConstants.DATANODE_LAYOUT_VERSION || this.cTime < nsInfo.getCTime()。在正常情况下，HdfsServerConstants.DATANODE_LAYOUT_VERSION 的值为−57，this.layoutVersion 的值为−56，后者大于前者，判断条件可以通过，可以执行 doUpgrade 方法进行升级。但是在实际的升级过程中，this.layoutVersion 的值会被提前修改为−57，这就造成判断条件无法通过，从而无法执行 doUpgrade 方法。

我们从判断条件入手，尝试解决这个问题，会发现只要满足 this.layoutVersion > HdfsServerConstants.DATANODE_LAYOUT_VERSION 和 this.cTime < nsInfo.getCTime() 中的一个条件即可执行 doUpgrade 方法，既然 this.layoutVersion 的值在某些情况下会被提前修改为 – 57 导致第一个条件无法满足，那么让第二个条件满足即可。经观察，发现磁盘中 cTime 的值为 0，nsInfo.getCTime() 的值也为 0，因此只要修改 this.cTime < nsInfo.getCTime() 条件中的 < 为 <=，第二个条件就能满足。修改之后的代码如下：

```
if (this.layoutVersion >
HdfsServerConstants.DATANODE_LAYOUT_VERSION
|| this.cTime <= nsInfo.getCTime()) {
  doUpgrade(sd, nsInfo, callables, conf); // 升级
  return true;
}
```

❑ 既然升级失败是由于 `this.layoutVersion > HdfsServerConstants.DATANODE_LAYOUT_VERSION || this.cTime < nsInfo.getCTime()` 的值为 `false`，那么可以把 VERSION 文件中 `cTime` 的值修改为负数，使第二个条件的值为 `true`，从而整个判断条件值为 `true`。

在集群监控比较完善或者管理员比较细心的情况下，会发现集群在升级过程中存储资源的增长速度明显要快于升级之前，这是因为在数据盘目录中多了 trash 和 previous 两个目录，只要定期删除这两个目录中的内容即可解决。

YARN 在升级过程中并不会遇到问题，但是在运行任务时会遇到，下面的内容是笔者在生产环境中遇到的问题，其中有些问题是个例，仅供参考。

❑ spark streaming 消费 kafka 任务报错。报错信息为 `Caused by: org.apache.kafka.common.config.ConfigException: Missing required configuration "partition.assignment.strategy" which has no default value. at org.apache.kafka.common.config.ConfigDef.parse`。

在代码中指定 `partition.assignment.strategy` 的值也无法修复此问题，最终通过将 kafka-clients 的 jar 包放入 spark 的 jars 目录中解决。

❑ 调用的第三方 jar 包中有强转 `HttpURLConnection` 的代码时，会报错。将 Web URL 通过如下代码转换为 `HttpURLConnection` 时，会抛出 `org.apache.hadoop.fs.FsUrl-Connection cannot be cast to java.net.HttpURLConnection` 错误。代码如下：

```
URL url = new URL(httpURL);
    URLConnection conn = url.openConnection();
    HttpURLConnection httpConn = (HttpURLConnection)conn;
```

这是因为 Hadoop 对 HTTP 也进行了抽象，新增了抽象类 `AbstractHttpFileSystem`，由于此处涉及第三方 jar 包，所以可通过回滚相关代码解决问题。相关 jira 为 HADOOP-14383 和 HADOOP-14598。

❑ 使用 Fair 调度时，如果 `yarn.scheduler.fair.continuous-scheduling-enabled` 配置为 `true`，则会报错。报错内容为 `Received RMFatalEvent of type CRITICAL_THREAD_CRASH, caused by a critical thread, FairSchedulerContinuous-`

Scheduling, that exited unexpectedly。

有两种解决方案，第一种是关闭 `yarn.scheduler.fair.continuous-scheduling-enabled` 功能，在 Hadoop 3.0 中也是推荐关闭该功能的。如果开启此功能日志中会出现警告，警告内容如下：

```
Continuous scheduling is turned ON. It is deprecated because it can cause scheduler slowness due to locking issues. Schedulers should use assignmultiple as a replacement.
```

第二种是修改与排序相关的代码，这个方案社区已修复，jira 为 YARN-8373。

❑ YARN 升级成功之后，有些应用的信息在 YARN Web 页面不可查询。

排查应用信息后，会发现当超过一定个数之后，应用信息就会丢失。这是由于 `yarn.resourcemanager.max-completed-applications` 配置的默认值发生了变化，在升级之前的版本中该默认值为 10000，升级后变为了 1000，导致历史任务信息丢失了，可以通过修改该默认值解决此问题。

● **降级**

在 Active NameNode 和 Standby NameNode 都升级成功之后，由于某种原因需要对 NameNode 降级的情况下，NameNode 在启动加载 fsimage 文件时会失败，导致无法正常降级，异常信息如下：

```
2019-09-16 15:06:00,515 ERROR org.apache.hadoop.hdfs.server.namenode.FSImage: Failed
to load image from FSImageFile(file=/hadoop-fed/hdfs/namenode/current/fsimage_
0000000000000033930, cpktTxId=0000000000000033930)
java.lang.ArrayIndexOutOfBoundsException: 536870913
        at org.apache.hadoop.hdfs.server.namenode.FSImageFormatProtobuf$Loader.
loadStringTableSection(FSImageFormatProtobuf.java:318)
...
2019-09-16 15:06:00,630 WARN org.apache.hadoop.hdfs.server.namenode.FSNamesystem:
Encountered exception loading fsimage
java.io.IOException: Failed to load FSImage file, see error(s) above for more info.
...
```

此问题是 StringTable 导致的，可以在 HDFS-13596 的留言中找到其解决方法，HDFS-13596 的作者将修改 StringTable 相关的代码回滚了。需要回滚的 commit 信息如下：

```
commit 8a41edb089fbdedc5e7d9a2aeec63d126afea49f
Author: Vinayakumar B <vinayakumarb@apache.org>
Date:   Mon Oct 15 15:48:26 2018 +0530
 Fix potential FSImage corruption. Contributed by Daryn Sharp.
 (cherry picked from commit b60ca37914b22550e3630fa02742d40697decb31)
```

将代码回滚之后，再次编译测试时依然会遇到一个空指针的错误，这个空指针也是在加载 fsimage 文件时遇到的，依然是因为布局版本对应的解析规则与 fsimage 文件中存储的内容不相符。

针对这个问题，HDFS-14396 提供了一种解决方法，就是在写入 fsimage 信息时判断当前布局版本是否支持 EC 策略，如果支持就写入与 EC 相关的字段信息，如果不支持则不写入。

DataNode 从 2.7.5 版本升级到 3.2.0 版本时会改变 DataNode 的布局版本，使其值从-56 变为-57，这是因为 DataNode 在 2.7.5 版本中的目录存储布局为 256×256，而社区出于对性能优化的考虑将其布局更改为 32×32，布局版本也就从-56 变为-57，具体 jira 参考 HDFS-8791。在 DataNode 升级时用于判断更改布局版本的代码逻辑为：

```
// 如果升级时数据块的布局版本比32×32的版本老，那么需要先将布局版本从老布
// 局升级到新布局
// 32×32之前的一个布局版本是256×256，在此之前还有一些更老的版本，不过升级
// 流程都是一样的
// 都是根据blockId映射到不同的布局格式中
if (oldLV > DataNodeLayoutVersion.Feature.BLOCKID_BASED_LAYOUT_32_by_32
  .getInfo().getLayoutVersion()
  && to.getName().equals(STORAGE_DIR_FINALIZED)) {
    upgradeToIdBasedLayout = true;
}
```

由于布局版本发生了变化，在对 DataNode 进行降级时就会出错，报错信息如下：

```
2019-09-16 15:00:55,701 WARN org.apache.hadoop.hdfs.server.common.Storage: Failed to
add storage directory [DISK]file:/data/data/hadoop/
org.apache.hadoop.hdfs.server.common.IncorrectVersionException: Unexpected version
of storage directory /data/data/hadoop. Reported: -57. Expecting = -56.
```

通过 HDFS-8791 的描述，布局版本从-56 变为-57 是因为数据块在 DataNode 的存储布局由原来的 256×256 变为了 32×32，体现到代码中，该变化就是 blockId 与存储路径的映射规则发生了变化。blockId 与存储路径的映射规则逻辑如下：

```
// DatanodeUtil.idToBlockDir
public static File idToBlockDir(File root, long blockId) {
  // -56 的映射逻辑
  //int d1 = (int) ((blockId >> 16) & 0xff);
  //int d2 = (int) ((blockId >> 8) & 0xff);
  // -57 的映射逻辑
  int d1 = (int) ((blockId >> 16) & 0x1F);
  int d2 = (int) ((blockId >> 8) & 0x1F);
  String path = DataStorage.BLOCK_SUBDIR_PREFIX + d1 + SEP +
    DataStorage.BLOCK_SUBDIR_PREFIX + d2;
  return new File(root, path);
}
```

阅读 DataStorage.linkBlocksHelper 方法后，可以知道由 DataNode 的布局版本发生变化而导致的升级操作其实就是对原目录结构中的数据块根据新的规则创建一个硬连接，而且在此过程中并不会校验原目录结构是否与布局版本对应。因此我们在降级的过程中可以利用这个漏洞，将布局版本改为-55，触发从-55 到-56 的升级流程，将 32×32 的布局重新映射为 256×256 的布局，从而间接达到降级的目的。当然我们也可以更改 HDFS 2.0 的相关代码，使其在布局版

本为-57 的情况下重新映射，但这种方式并不比直接改布局版本值的方式快捷方便。因此笔者在 HDFS 3.0 中对 DataNode 降级的流程如下。

- □ 删除 dfs.datanode.data.dir/current/${Block Pool ID}目录下的 previous 目录，如果不放心怕数据丢失也可以修改 previous 的名字。
- □ 更改 VERSION 文件中的布局版本值为-55，这里要注意有两个 VERSION 文件，一个在 dfs.datanode.data.dir/current 目录中，另一个在 dfs.datanode.data.dir/current/${Block Pool ID}/ current 目录中。

完成上述内容后，Hadoop 的升级和降级就都可以正常执行了，这期间遇到兼容性问题的解决思路是先暂停使用高版本中的新功能，等升级完全结束之后再开启，其实就是进行合理的取舍。

## 5.3 二次开发

开源工具之所以在业界有着强大的影响力，除了因为大家可以参与开发维护，更重要的是可以在此基础上进行二次开发，以满足一些更加个性化的定制服务，能够对开源工具进行二次开发是一项基本能力。个性化的定制服务不仅包括开源工具自身功能的扩展，还包括它与其他系统的兼容性，因为企业中肯定会存在多个系统，这些系统之间会存在一些交互，需要相互融合以便链路跟踪。

### 5.3.1 与其他自研系统融合

与 Hadoop 集群联系最为紧密的其他自研系统莫过于离线任务调度系统，离线任务调度系统可以定时或者周期性地触发任务执行，并且可以自动进行依赖检查，按照事先设置好的顺序依次执行任务。由于 Hadoop 集群与离线任务调度系统是两套完全独立的系统，它们的用户体系和任务体系也都是相互独立的，因此在离线任务调度系统将离线任务（包括 MapReduce、Hive 或者 Spark 任务）提交到 YARN 之后，其中与任务相关的用户信息以及任务信息无法在 YARN 中完整展现，这就造成了任务链路的丢失，离线调度系统上的任务将无法与 YARN 集群上的任务相关联，之后任务发生异常时只能通过人工在运行日志中找到 ApplicationID，然后去 YARN 中查找该 ID 对应的日志，使用起来极不方便。综上所述，这两个系统的融合具有一定的价值。

#### 1. 利用自定义的配置参数进行参数传递

在 Hadoop 中有很多配置参数，其中有些是服务端参数，有些是客户端参数，比如在提交 MapReduce 任务时通过-D 命令指定的参数就是客户端参数。每个任务的客户端参数都支持重置，我们可以利用这个特性自定义一个客户端配置参数，并使用自定义的参数在 YARN 中拦截应用的提交流程，这就起到一个在离线任务调度系统与 YARN 之间传递参数的作用。

融合两个系统是为了将离线调度系统中任务的元信息以及用户信息传递到 YARN 中，本次修改是将离线调度系统中任务的所属用户名、任务名称以及任务的执行 ID 传递到 YARN 中，并将这些信息拼接到 YARN 应用的名字上，以便在 YARN 的 Web 页面上进行显示，方便查找。其中任务的所属用户名对应的自定义客户端参数为 xx.mapreduce.job.user，任务名称对应的自定义客户端参数为 xx.mapreduce.job.name，任务的执行 ID 对应的自定义客户端参数为 xx.mapreduce.job.id。比如在提交 MapReduce 任务时，通过-D 命令指定这些参数的值，所提交的命令为 hadoop jar hadoop-mapreduce-examples.jar pi -Dxx.mapreduce.job.name=调度系统任务名 -Dxx.mapreduce.job.user=zhangsan -Dxx.mapreduce.job.id=123 10 10。

把命令提交到 YARN 之后，在 JobConf.getJobName 方法中拦截，将这些参数拼接成 MapReduce 在 YARN 中的应用名，JobConf.getJobName 方法的代码如下：

```java
public String getJobName() {
  // return get(JobContext.JOB_NAME, "");
  String jobName = get(JobContext.JOB_NAME, "");
  // 只拦截来自离线调度系统的任务
  if (get(JobContext.SCHEDULER_JOB_ID, null) != null) {
    LOG.warn("change job default name by SCHEDULER");
    String executorId = get(JobContext.SCHEDULER_JOB_ID, "");
    String user = get(JobContext.SCHEDULER_JOB_USER, "");
    String name = get(JobContext.SCHEDULER_JOB_NAME, "");
    jobName = executorId + "_" + user + "_" + name + "_" + jobName;
    setJobName(jobName);
    LOG.info("The SCHEDULER name of job is " + jobName);
  }
  return jobName;
}
```

效果页面如图 5-5 所示。

图 5-5  在 YARN Web 页面中展示外部系统任务信息

在这里只展示了 MapReduce 任务的修改逻辑，如果是 Spark 任务，还需要在 Spark 的代码中修改上述逻辑，至于 Hive 任务，如果使用的是 Hive on MapReduce，则修改完 MapReduce 之后，它也就自动生效了，同理如果使用的是 Hive on Spark，则修改完 Spark 之后，它自动生效。

**2. 利用 RPC 协议进行参数传递**

使用自定义的客户端参数进行参数传递最为简单有效，但不太灵活，比如并不能将图 5-5 中 User 的值变为 zhangsan，如果想达到这个效果，就需要利用 RPC 协议进行参数传递。在 Hadoop 中使用的 RPC 协议是 Protocol Buffers，客户端与 ResourceManager 的协议是 client_RM_Protocol，在 yarn_protos.proto 文件中。如果想将图 5-5 中 User 的值变为 zhangsan，则需要通过 RPC 协议将 zhangsan 传递给 ResourceManager。

这里之所以要使用 RPC 协议进行参数传递，而不只是修改所提交任务的用户名，是因为这样会有权限问题，YARN 对应的用户权限是按照业务线所在的部门进行划分的，即同一个部门使用同一个账号，权限粒度到部门，而离线调度系统的用户权限是到个人，权限粒度到个人，所以个人用户名是没有权限向 YARN 提交任务的，也就不能真正地更改提交应用的 YARN 用户，所以只能新增一个属性，只在 Web 页面显示应用信息的时候，将 User 的显示信息替换掉。

首先修改 RPC 协议，其实就是增加属性，具体为在 yarn_protos.proto 文件的 `Application-SubmissionContextProto` 中增加一个属性 `xx.task.job.user`，它是一个可选的字符串。在 Protocol Buffers 中，会为每个属性分别定义一个序号，此序号并没有实际的意义，只是为了预留一些属性给社区使用，这里取值为 `101`。相关代码如下：

```
message ApplicationSubmissionContextProto {
  optional ApplicationIdProto application_id = 1;
  optional string application_name = 2 [default = "N/A"];
  optional string queue = 3 [default = "default"];
  optional PriorityProto priority = 4;
  optional ContainerLaunchContextProto am_container_spec = 5;
  optional bool cancel_tokens_when_complete = 6 [default = true];
  optional bool unmanaged_am = 7 [default = false];
  optional int32 maxAppAttempts = 8 [default = 0];
  optional ResourceProto resource = 9;
  optional string applicationType = 10 [default = "YARN"];
  optional bool keep_containers_across_application_attempts = 11 [default = false];
  repeated string applicationTags = 12;
  optional int64 attempt_failures_validity_interval = 13 [default = -1];
  optional LogAggregationContextProto log_aggregation_context = 14;
  optional ReservationIdProto reservation_id = 15;
  optional string node_label_expression = 16;
  repeated ResourceRequestProto am_container_resource_request = 17;
  repeated ApplicationTimeoutMapProto application_timeouts = 18;
  repeated StringStringMapProto application_scheduling_properties = 19;
  // 新增离线调度系统中的任务所属用户名
  optional string scheduler_user = 101;
}
```

修改协议之后，还需要修改整个任务的提交流程，将新增的属性逐步传递到 ResourceManager，整个任务链路较长，具体的修改内容就不在此展开了，只在这里展示一个方法调用流程，如图 5-6 所示。

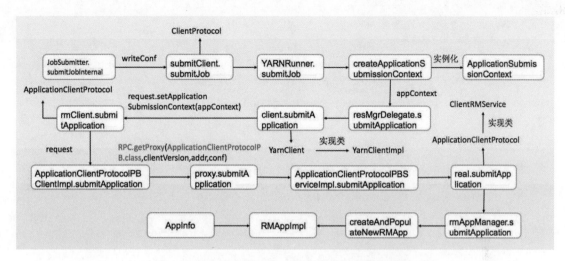

图 5-6　RPC 协议传递 User 属性的函数调用链路图

虽然利用 RPC 协议进行参数传递时，需要修改的地方较多，任务链路较长，逻辑较复杂，但是有过这样的经历之后，会对 Hadoop 各服务之间的通信流程以及代码链路有一个更深入的认知，是一个不错的体验。

## 5.3.2　自身功能扩展之自动识别修复后的数据盘

为了与其他自研系统融合而进行的二次开发，一般都是些边边角角的修改，不会涉及 Hadoop 的"筋骨"，但是通过这些实践可以提升我们阅读 Hadoop 源码的能力，使得我们在遇到问题时能深入到内核去解决问题，也让我们有机会参与到社区开发中。

在对 Hadoop 的源码足够熟悉之后，如果在长期运维 Hadoop 集群时遇到了一些感觉使用不太方便的地方，就可以根据自己的想法对其进行优化。笔者在长期运维 Hadoop 集群时总会发现磁盘容易掉盘，等运维重新挂上之后，DataNode 并不能自动发现已修复的磁盘，就需要重启 DataNode，于是在此想给 DataNode 增加自动识别已修复坏盘的功能。

DataNode 在启动时会检查配置文件中配置的数据盘，然后将正常的数据盘放入 data 列表中，如果在之后对数据盘的定期检查中或者数据读写异常之后对数据盘的检查中发现有数据盘异常，就将此故障盘从 data 列表中移除，随后每次对数据盘的检查都只针对 data 列表中存在的那些数据盘，这就导致当故障盘修复之后并不会被发现，因为它已经从 data 列表中被移除了。下面看下代码的具体实现：

```java
// DataNode.java
public void checkDiskError() throws IOException {
  Set<FsVolumeSpi> unhealthyVolumes;
```

```
try {
  // 检查所有的数据盘
  unhealthyVolumes = volumeChecker.checkAllVolumes(data);
  lastDiskErrorCheck = Time.monotonicNow();
} catch (InterruptedException e) {
  LOG.error("Interruped while running disk check", e);
  throw new IOException("Interrupted while running disk check", e);
}

if (unhealthyVolumes.size() > 0) {
  LOG.warn("checkDiskError got {} failed volumes - {}",
  unhealthyVolumes.size(), unhealthyVolumes);
  // 对故障盘进行处理
  handleVolumeFailures(unhealthyVolumes);
} else {
  LOG.debug("checkDiskError encountered no failures");
}
}
```

DataNode 启动时会初始化 BlockPool，在此过程中会调用 checkDiskError 方法进行磁盘检查。volumeChecker.checkAllVolumes(data) 方法会返回 data 列表中的故障盘，发现故障盘之后在 handleVolumeFailures 方法中调用 removeVolumes 方法将故障盘从 data 列表中移除，移除故障盘的代码如下：

```
// DataNode.java
private synchronized void removeVolumes(
  final Collection<StorageLocation> storageLocations, boolean
  clearFailure)
    throws IOException {
...
  // 从 data 列表中移除故障盘
  data.removeVolumes(storageLocations, clearFailure);

  // 从 DataStorage 中移除故障盘
  try {
    storage.removeVolumes(storageLocations);
  } catch (IOException e) {
    ioe = e;
  }

  // 重置配置文件中的 dataDirs 的值
  for (Iterator<StorageLocation> it = dataDirs.iterator();
    it.hasNext(); ) {
      StorageLocation loc = it.next();
    if (storageLocations.contains(loc)) {
      it.remove();
    }
  }
  getConf().set(DFS_DATANODE_DATA_DIR_KEY,
    Joiner.on(",").join(dataDirs));

  if (ioe != null) {
```

```
        throw ioe;
    }
}
```

removeVolumes 方法会将故障盘从 data 列表中移除，并且还会重置内存中 dfs.datanode.
data.dir 对应的值。而 checkDiskError 方法只会检查 data 列表中的数据盘，如果想要
DataNode 能够自动发现已修复的故障盘，需将每次检查的 data 列表换成配置文件中配置的
dataDirs 值。修改逻辑较为简单，首先声明一个集合用来记录所有发生故障的坏盘，然后将每
次检查的 data 列表替换为包含所有数据盘的列表，并将通过检查而发现的故障盘与已记录的故障
盘进行对比，从而发现已修复的故障盘并进行处理。此 Patch 已反馈给社区，具体的实现细节可
跟踪 HDFS-14318，核心逻辑实现如下：

```java
public void checkDiskError() throws IOException {
  Set<FsVolumeSpi> unhealthyVolumes;
  Configuration conf = getConf();
  // 存放所有可用于此次检查的数据盘
  String newDataDirs = null;
  try {
    // 检查所有的数据盘，包括故障盘
    unhealthyVolumes = volumeChecker.checkAllVolumes(allData);
    lastDiskErrorCheck = Time.monotonicNow();
  } catch (InterruptedException e) {
    ...
  }
  // 若检查到坏盘，则对比是否存在已修复的坏盘
  if (unhealthyVolumes.size() > 0) {
    if (errorDisk == null) {
      errorDisk = new ArrayList<>();
    }
    List<StorageLocation> tmpDisk = Lists.newArrayList(errorDisk);
    errorDisk.clear();
    for (FsVolumeSpi vol : unhealthyVolumes) {
      LOG.info("Add error disk {} to errorDisk - {}",
        vol.getStorageLocation(), vol.getStorageLocation());
      errorDisk.add(vol.getStorageLocation());
      if (tmpDisk.contains(vol.getStorageLocation())) {
        // 将依然是故障盘的磁盘移除，剩下的就是已修复的数据盘
        tmpDisk.remove(vol.getStorageLocation());
      }
    }
    LOG.warn("checkDiskError got {} failed volumes - {}",
      unhealthyVolumes.size(), unhealthyVolumes);
    handleVolumeFailures(unhealthyVolumes);
    if (!tmpDisk.isEmpty()) {
      newDataDirs = conf.get(DFS_DATANODE_DATA_DIR_KEY)
        + "," + Joiner.on(",").join(tmpDisk);
    }
  } else {
    LOG.debug("checkDiskError encountered no failures," +
      "then check errorDisk");
    // 所有的故障盘都已修复
```

```
  if (errorDisk != null && !errorDisk.isEmpty()) {
    newDataDirs = conf.get(DFS_DATANODE_DATA_DIR_KEY)
      + "," + Joiner.on(",").join(errorDisk);
  }
}
if (newDataDirs != null) {
  LOG.debug("Bad disks is repaired, should refreshVolumes disk.");
  try {
    // 刷新 data 列表
    refreshVolumes(newDataDirs);
  } catch (IOException e) {
    LOG.error("Bad disks is repaired, refreshVolumes error : ", e);
  }
}
}
```

修改 checkDiskError 方法的关键逻辑是从所有的故障盘中发现已修复的故障盘，并将已修复的故障盘添加到 data 列表中。具体地，事先声明一个集合 errorDisk 存放已发现的所有故障盘，然后将其值赋值给临时变量 tmpDisk，并从其中剔除此次检查所发现的故障盘，则 tmpDisk 中剩下的数据盘就是此次检查中修复的数据盘，最后将其值与内存中记录的 dfs.datanode.data.dir 值进行合并，并通过 refreshVolumes 方法更新到 data 列表中。

### 5.3.3　合并社区 Patch

在日常运维中发现 Hadoop 代码的 bug 并且社区已修复或者需要将一些社区的特性合并到生产版本中的时候，就涉及合并社区 Patch。如果是一个简单的 bug 修复，那么可直接将社区修复的代码复制到生产版本中，但是对于一些新特性而言，涉及的代码流程较为烦琐，需要修改的文件也较多，此时如果还是采取人工复制代码逻辑的方式，就不太方便了，还容易出错，这时需要一个专业的流程，幸运的是，可以使用 patch 命令实现合并。

将 Patch 文件下载到项目的根目录，执行 patch -p1 < xx.patch 命令进行代码合并后，Patch 文件中的修改就被合并到了当前项目中。但使用命令合并 Patch 后并不意味着就可以万事大吉，因为开源社区的代码迭代速度较快，生成的 Patch 普遍是基于当前最新代码分支的，所以把修改合并到生产版本中时可能存在冲突，这个冲突依然需要人工手动去解决，这个过程无法避免。例如在 Hadoop 3.2.0 版本分支中执行 patch -p1 < HDFS-13596.010.patch 命令时，就会发生冲突，输出内容如下：

```
patch -p1 < HDFS-13596.010.patch

# 有两个冲突，需要手动处理下
patching file hadoop-hdfs-project/hadoop-hdfs/src/main/java/org/apache/hadoop/hdfs/
qjournal/client/QuorumJournalManager.java
Hunk #1 FAILED at 433.
1 out of 1 hunk FAILED -- saving rejects to file hadoop-hdfs-project/hadoop-hdfs/
src/main/java/org/apache/hadoop/hdfs/qjournal/client/QuorumJournalManager.java.rej
```

```
patching file hadoop-hdfs-project/hadoop-hdfs/src/main/java/org/apache/hadoop/hdfs/
qjournal/client/QuorumOutputStream.java
Hunk #1 FAILED at 36.
1 out of 1 hunk FAILED -- saving rejects to file hadoop-hdfs-project/hadoop-hdfs/
src/main/java/org/apache/hadoop/hdfs/qjournal/client/QuorumOutputStream.java.rej
```

在合并社区 Patch 时，还会遇到其他问题，比如当前 Patch 与之前某次提交的内容有冲突，就需要将那次提交的内容从当前代码中移除，然后再进行合并。在 5.2 节中就有需要将某次提交的内容从当前版本中移除的场景，此时可执行命令 `git revert 8a41edb089fbdedc5e7d9a2aeec63d126afea49f`，此命令只会将某次提交的代码移除，并不会回滚到某个版本中，其中的 `8a41edb089fbdedc5e7d9a2aeec63d126afea49f` 是提交 ID。

## 5.3.4　提交 Pull Request

提交 Pull Request 是参与社区的一种方式，而且还是一种主动参与社区的方式。当修复了 Hadoop 的某个 bug 或者改进了某个流程时，可以将这些工作通过 jira 贡献给社区。

提交 Pull Request 需要 GitHub 账号，因为 Hadoop 的代码是在 GitHub 上维护的，提交 Pull Request 的整个流程如下。

❑ 如果是第一次提交，先从 GitHub 的 Hadoop 仓库中将该项目 fork 到自己的仓库中。
❑ 在 jira 相应的板块中创建一个 issue 并简要描述下创建原因，为了方便大家阅读，建议使用英文。
❑ 将 GitHub 上私人仓库中的 Hadoop 代码克隆到本地，以 issue ID 创建一个分支并切换当前分支到所创建的分支。
❑ 在新建的分支上修改实现逻辑，并提交到私人仓库的对应分支。
❑ 此时，在私人仓库的 Hadoop 代码主页上会提示发起 Pull Request 请求，如图 5-7 所示。

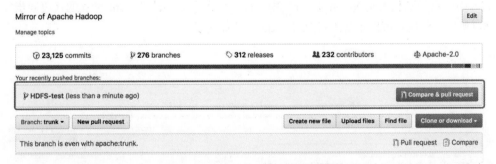

图 5-7　提示发起 Pull Request 请求

❑ 单击 Compare & pull request 按钮，在跳转后的页面创建 Pull Request，如图 5-8 所示。

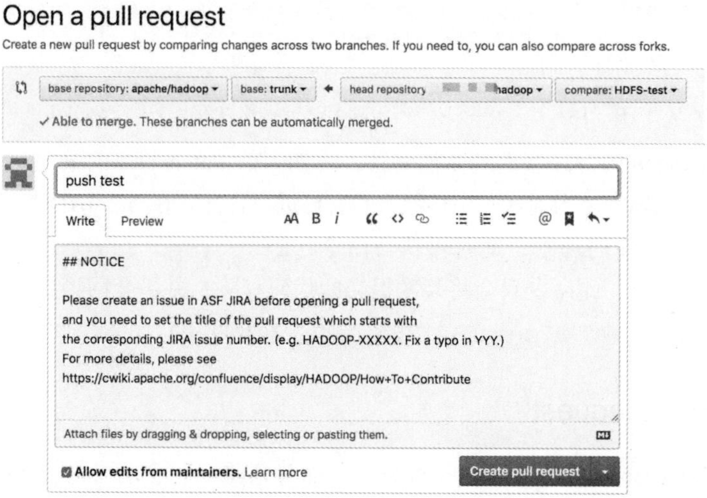

## Open a pull request

Create a new pull request by comparing changes across two branches. If you need to, you can also compare across forks.

base repository: **apache/hadoop** ▾    base: **trunk** ▾    ⬅    head repository: ▒▒▒▒ **hadoop** ▾    compare: **HDFS-test** ▾

✓ Able to merge. These branches can be automatically merged.

> push test

Write    Preview                         AA  B  *i*  ❝❞  <>  🔗    ≔ ⅀ ✓≡    @  🔖  ↰▾

## NOTICE

Please create an issue in ASF JIRA before opening a pull request,
and you need to set the title of the pull request which starts with
the corresponding JIRA issue number. (e.g. HADOOP-XXXXX. Fix a typo in YYY.)
For more details, please see
https://cwiki.apache.org/confluence/display/HADOOP/How+To+Contribute

Attach files by dragging & dropping, selecting or pasting them.                    Ⓜ

☑ **Allow edits from maintainers.** Learn more                **Create pull request**  ▾

图 5-8    创建 Pull Request

完成上述步骤之后，刷新 issue 页面就会出现 Pull Request ID 链接，其实也可以直接在 trunk 分支进行修改，然后执行 `git diff > issueID.patch` 命令生成对应的 Patch，直接将 Patch 通过附件的方式提交到 jira，只是这种方式不利于跟踪和代码审查，所以推荐使用提交 Pull Request 的方式实现代码贡献。

如果经常通过提交 Pull Request 向社区贡献代码，那么在之后提交 Pull Request 的时候，肯定会遇到由于 `This branch is xxx commits behind apache:trunk` 而导致提交的代码与社区 Hadoop 的代码发生冲突的情况，这是因为私人仓库中的 trunk 分支落后于社区 trunk 分支。将社区 trunk 分支的代码同步到私人仓库的 trunk 分支即可解决这个问题，先执行 `git pull upstream trunk` 命令将社区 trunk 分支的代码拉取到本地，然后执行 `git push origin trunk` 命令将本地代码推到私人仓库的 trunk 分支中，此时私人仓库与社区 trunk 分支的代码同步完成，如图 5-9 所示。随后就可以正常进行 Pull Request 的提交了。

图 5-9    私人仓库与社区 trunk 分支的代码同步成功

需要注意的是，如果是第一次在项目中执行 `git pull upstream trunk` 命令，需要先执行 `git remote add upstream git@github.com:apache/hadoop.git` 命令设置上游项目，此命令执行一次即可。

## 5.4 周边系统平台

要想构建一个可用的大数据基础平台，除了要有 Hadoop 集群，还需要一些周边系统平台来帮助用户和管理员使用和管理平台。周边系统平台包括任务调度平台、监控平台、集群诊断分析平台和即时查询平台等。其中任务调度平台主要是为了方便用户管理自己的任务，为 Hadoop 集群提供一个友好的使用平台；监控平台和集群诊断分析平台主要是为了方便管理员充分了解集群的状态。本节将对这三个系统平台的功能进行简单介绍。

### 5.4.1 任务调度平台

在 Hadoop 集群上，每天都运行着动辄成千上万个任务，此时如果只靠用户手动去提交任务，那将是一个噩梦，任务调度平台就可以很好地解决这个问题。任务调度平台的主要功能就是根据规则触发任务，这个触发规则可以是在指定的某个时间调度执行任务，类似于 crontab 的功能；也可以是根据某个任务的运行状态而选择是否调度执行它，这样可使多个相互依赖的任务形成任务流，避免由于上游任务的失败导致下游任务无法得出正确的结果而浪费算力；还可以是前两种规则结合使用。由于任务调度平台记录着所有任务的信息，因此可以扩展一些辅助功能，例如血缘系统。

目前国内外已有很多优秀的开源任务调度平台，其中具有代表性的是 azkaban，因此选择很多。如果这些都不是你心目中理想的任务调度平台，则可以在开源任务调度平台的基础上根据需求进行二次研发，这样还可以减少研发成本。自研时可以借鉴一些开源任务调度平台的架构原理以及某些功能的具体实现，例如可以借鉴 azkaban 的主/从（Master/Executor）架构，由主模块触发任务，再由从模块将任务封装成各种类型的任务进行调度执行以及任务生命周期管理，任务的定时触发可以使用调度框架 cron4j 或者 quartz，这两个都是比较成熟的开源框架，其中 quartz 的功能较为丰富稳定；可以根据具体的场景在任务的触发流程中添加其他规则；可以根据稳定性的要求给主模块增加高可用功能，根据任务量给从模块增加横向扩展功能。自研的好处就是灵活，不仅可以根据具体的场景进行原生开发，还可以扩展一些辅助功能以方便用户使用，比如集成血缘系统、根据任务所用的数据源推荐所依赖的任务等。自研任务调度平台的参考架构如图 5-10 所示。

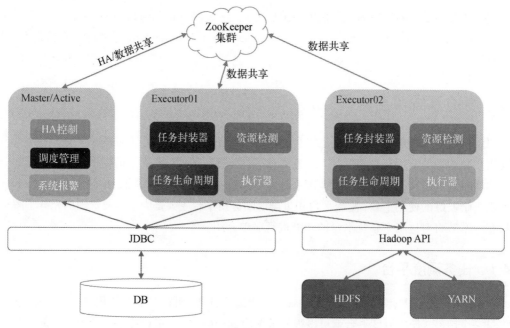

图 5-10    自研任务调度平台的参考架构

总之，任务调度平台不仅是管理 Hadoop 集群任务必不可少的工具，而且它还降低了用户使用 YARN 的门槛，用户只需在页面上提交任务所需的文件，配置一些必要参数就可将任务提交到 YARN 集群，而无须登录 Hadoop 客户端进行命令行操作，这同时也规范了集群的入口，减少了管理员的运维成本。

## 5.4.2    监控平台

小规模的 Hadoop 集群都是由上百台机器组成的，更何况拥有成千上万台机器的集群，时刻都有 Hadoop 服务和无以计数的任务运行在这些机器上，该如何排查运行时的故障以及发现系统瓶颈呢？这需要记录下各个服务在运行时的状态信息，换言之，需要监控各个服务的关键性能指标，这便是监控平台的功能。监控平台主要是为管理员服务的，能够记录状态，以便有据可查，也方便管理员发现系统瓶颈。

监控平台的主要功能其实就是存储各个服务的指标数据，并对其进行可视化展示，有的监控平台还集成了报警功能。那么设计一个监控平台需要注意些什么呢？首先是如何存储数据，以及这些数据具有什么特点，其次就是如何友好地展示这些数据。

服务的指标数据有一个特点就是结构化强，说起存储结构化数据，首先想到的肯定是关系型数据库，现在提及关系型数据库相信大多数人的第一选择是 MySQL。但如果用 MySQL 存储的话，就忽略了指标数据的另一特点，即数量较大，为了更精准地还原某一时刻的运行状态，指标的采集粒度不能太粗，分钟级已经是可以忍受的最大粒度了。如果使用 MySQL 存储的话随着指标的增多和时间的积累，查询效率会逐渐变慢。除了以上这些，指标数据还具有较强的时间性，用于可视化展示的时间也是一个重要且常用的维度。

基于上述这些特点，可以选用时序数据库作为存储指标数据的介质，时序数据库存储的是一连串随时间推移测量相同事物的数据点，这些数据点与时间戳成对出现，数值的含义由一个名称和一组归类维度（或称"标签"）定义。最重要的是在时序数据库中，时间除了是一个度量标准外，还是一个坐标的主坐标轴，因此根据时间检索会非常快速。另外，时序数据库往往是 NoSQL 数据库，支持横向扩展，所以足够支撑大量的数据存储，其次时序数据库还可以配置数据过期时间，因为所监控的指标数据往往具有一定的时间效益，这样超过一定时间的数据就不会再被查询，且可以被删除，时序数据库的这个功能正好完美地匹配指标数据有生命周期的场景。

主流的时序数据库有 OpenTSDB、InfluxDB 和 Prometheus 等。其中 OpenTSDB 架构在 HBase 之上，严格依赖 HDFS 和 ZooKeeper，对其他组件的依赖性太强，只用它来存储指标数据的话会增加运维成本。InfluxDB 和 Prometheus 虽然都被广泛应用于监控平台中，但 InfluxDB 的部署简单、无依赖，数据存储率高而且交互方式简单更易于维护，所以可以选择它作为监控平台的存储介质。

选定存储介质之后，数据可视化就是从该介质中读取指标数据然后进行多样化展示。在指标数据的可视化工具中，人们使用比较广泛的是 Grafana。Grafana 是一个开源的可视化平台，不仅图表色泽搭配漂亮而且支持多种图表和面板展示，操作流程也简单便捷，支持多种数据源，InfluxDB 就在其中。Grafana 的部署运维也比较简单，其亮点是支持简单的报警，报警方式有多种，比如邮件、短信和钉钉，还可以自定义开发使其支持企业微信，总之很灵活。

存储介质与数据的可视化展示都已搞定，就只剩下对指标数据的采集了。其实之前选择存储介质的时候就已经考虑到了如何采集指标数据。InfluxDB 支持以 HTTP 的方式写入指标数据，这样并不需要部署单独的指标采集服务，而只要扩展各个组件中发送监控指标的插件即可。Hadoop、Hive、Spark 和 Flume 都有自己的监控指标体系，可以轻松地扩展这些指标的采集服务，将监控指标信息发送到 InfluxDB 中，发送时只需要通过 HTTP 的形式指定 InfluxDB 地址和数据格式即可，FLUME-3240 是 Flume 将 metrics 信息写入 InfluxDB 的代码，可供参考。如果组件没有监控指标体系，比如 ZooKeeper，也可以自己定期获取关键性能的指标数据，并通过 HTTP 的方式将这些数据写入到 InfluxDB 中。ZooKeeper 的指标数据可以通过 Socket 执行管理命令获取，将 ZooKeeper 的指标数据写入 InfluxDB 的核心代码如下：

```java
public class InfluxDBUtil {
    private static Logger logger = Logger.getLogger(SocketUtil.class);
    private String url;
    private String username;
```

```java
private String password;
private String database;
private HttpClient httpClient;
public InfluxDBUtil(String url, String username, String password,
  String database) {
    this.url = url;
    this.username = username;
    this.password = password;
    this.database = database;
    this.httpClient = new DefaultHttpClient();
}
// 格式化入库数据
public String getInfluxStr(String cluster, String host,
  Map.Entry<String, String> message){
    logger.info("sending influxdb formatted message with "
      + message.getKey() +  " - "  + message.getValue());

      try {
        // 转换度量值为浮点类型
        Float.parseFloat(message.getValue());
      } catch (NumberFormatException ex) {
        //如果指标数据为字符串类型, 将捕获异常, 并返回 null 值
        logger.warn("The metrics value is a String, leave it. value :
        " + message.getValue());
          return null;
      }

      StringBuilder lines = new StringBuilder();
      // 度量名字, 也就是指标的名字
      String mName = "zk_" + message.getKey();
      // 标签
      StringBuilder tags = new StringBuilder();
      tags.append("hostname=").append(host).append(",")
        .append("cluster=").append(cluster);
      lines.append(mName).append(",").append(tags.toString().trim())
        .append(" ").append("value=").append(message.getValue())
        .append(" ").append("\n");
      return lines.toString();
  }
// 写入 InfluxDB
public boolean write(final String lines) throws IOException {
    boolean result;
    logger.debug("Message of sending to influxdb is " + lines + ". ");
    String influxUrl = url + "/write" + "" +
      "?db=" + URLEncoder.encode(database, "UTF-8") +
      "&u=" + URLEncoder.encode(username, "UTF-8") +
      "&p=" + URLEncoder.encode(password, "UTF-8");
    HttpPost request = new HttpPost(influxUrl);
    request.setEntity(new ByteArrayEntity(
      lines.getBytes("UTF-8")           ));
      // 通过 HTTP 的方式向 InfluxDB 发送写请求
      HttpResponse response = httpClient.execute(request);

      // 等待响应结果
```

```
    int statusCode = response.getStatusLine().getStatusCode();
    EntityUtils.consume(response.getEntity());
    // 如果返回的状态码为 204, 则代表写入成功
    if (statusCode != 204) {
      logger.error("Unable to write or parse: \n" + lines + "\n");
      throw new IOException("Error writing metrics influxdb
        statuscode = " + statusCode + ", with data : " + lines);
    } else {
      result = true;
    }


    return result;
  }

    // 入口函数, 暴露给外部使用
public void sendToInfluxdb(String cluster, String host, String data)
{
        Map<String, String> msgMap = new HashMap<String, String>();
  String[] arr = data.split("\n");
  for (String item : arr) {
    String[] kv = item.split("\t");
    logger.debug("kv.size : " + kv.length + ", kv: " +
    Arrays.toString(kv));
    if (kv != null && kv.length == 2) {
    msgMap.put(kv[0], kv[1]);
    }
  }
    for (Map.Entry<String, String> entry : msgMap.entrySet()) {
      String line = getInfluxStr(cluster, host, entry);
      try {
        if (line != null) {
          write(line);
        }
      } catch (IOException e) {
        logger.error(e.getMessage());
      }
    }
  }
}
```

在上述代码中, 通过调用 `InfluxDBUtil.sendToInfluxdb` 方法将指标数据写入 InfluxDB 中, 其中参数 `cluster` 和 `host` 是指标数据的一个标签, 作用是区分指标数据。

监控平台所处的角色其实有点类似于事后诸葛, 当某个任务或者服务发生了故障时, 它能够提供多个维度的信息作为排查故障原因的辅助, 最后可以看下 Grafana 展示监控项的效果图, 如图 5-11 所示。

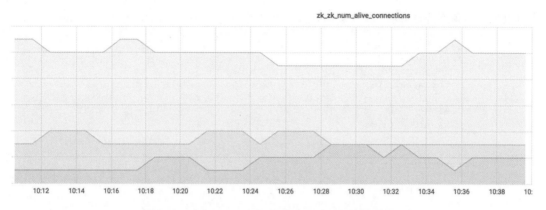

图 5-11    在 Grafana 上展示 ZooKeeper 的指标数据

### 5.4.3    集群诊断分析平台

作为集群管理员，需要对集群的状况了如指掌，集群的状况虽然可以从监控平台中获取一部分，但还有大部分依然是无法获取的，尤其是一些统计类指标数据，这时就需要一个集群诊断分析平台来帮助管理员了解集群。集群诊断分析平台能帮助管理员了解集群日增多少数据以及各关键目录的日增量，及时发现某个目录的日增量异常，评估集群何时需要扩容，扩多少容，诊断集群中每个任务的运行状态，是否存在优化空间，并给出一些优化建议。

集群诊断分析平台分为两个部分，一部分专注于 HDFS，另一部分专注于 YARN。HDFS 诊断分析平台的功能包括统计 hdfs 使用量、统计小文件占比和统计冷数据，HDFS 统计分析看板如图 5-12 所示。

图 5-12    HDFS 统计分析看板

HDFS 诊断分析平台的指标数据来源于 NameNode 的镜像文件 fsimage，通过解析 fsimage 文件，平台能得到整个集群所有 inode 的所有信息。可以使用 Hadoop 提供的工具进行解析，解析之后的关键信息包括副本数、最后修改时间、最近访问时间、数据块个数、文件大小以及 quota 值，为了方便后续的统计分析，在解析代码中增加目录层级和是否为文件标识位的逻辑。

将 fsimage 文件解析之后作为一份明细数据存入 hive 中以供上层统计分析使用，从该明细表中可以进行多角度统计分析，例如集群日增量以及各关键目录的使用情况，可以将各用户的目录使用情况定期通知给用户，使平台与用户之间信息透明，使用户及时掌握自己的使用情况，适当时机可以做些瘦身，更好地利用好存储资源。明细表的表结构如下：

```
CREATE EXTERNAL TABLE `hdfs_image`(
  `dir` string COMMENT '目录名',
  `rep` int COMMENT '副本数',
  `mtime` string COMMENT '最后修改时间',
  `atime` string COMMENT '最后访问时间',
  `preblocksize` string COMMENT '数据块大小',
  `blocknum` int COMMENT '数据块个数',
  `filesize` bigint COMMENT '文件大小',
  `nsquota` bigint COMMENT '文件数 Quota',
  `dsquota` bigint COMMENT '存储 Quota',
  `perm` string COMMENT '权限',
  `owner` string COMMENT '所属用户',
  `group` string COMMENT '所属组',
  `flag` int COMMENT '是否文件标识',
  `dep` int COMMENT '层级深度')
PARTITIONED BY (
  `dt` string)
ROW FORMAT SERDE
  'org.apache.hadoop.hive.serde2.lazy.LazySimpleSerDe'
WITH SERDEPROPERTIES (
  'field.delim'='\t',
  'serialization.format'='\t')
STORED AS INPUTFORMAT
  'org.apache.hadoop.mapred.TextInputFormat'
OUTPUTFORMAT
  'org.apache.hadoop.hive.ql.io.HiveIgnoreKeyTextOutputFormat'
```

说到业务方自己瘦身，那么作为平台方又该如何瘦身或者说给用户提供更精准的瘦身列表。瘦身的首选是删除冷数据，那么如何在大量文件中识别冷数据，此时可以使用 atime 字段过滤出指定时间内未访问的数据列表，然后再配合黑白名单机制就可以统计出冷数据列表。这样平台方就可以定期统计出冷数据数据，并对这份冷数据进行处理，无论是压缩还是直接删除都能释放一定存储空间，提高集群的循环利用率，节省一批预算。

对于 HDFS 集群另一个头疼的问题是小文件多，无法控制。可以通过 filesize 字段过滤出符合小文件定义的文件，并计算出小文件所在目录的小文件占比，可以重点关注 TopK 的目录，帮助业务方进行优化，也可通过工具定期对小文件进行合并来减少集群的文件数，释放 NameNode 的内存压力。

YARN 诊断分析平台的功能主要集中在应用和队列的资源使用情况，应用数据主要来自各个计算框架的 history server，队列的使用情况是从监控平台获取之后进行统计计算的。这些统计结果也会定期发送给用户，使用户对自己任务的运行时长有所认知，这样能够及时优化任务。

## 5.5   小结

本章主要介绍了 Hadoop 实战方面的内容，从部署运维到二次开发以及如何向社区贡献代码。掌握这章内容不仅能增加实战经验，而且还可以深入 Hadoop 源码，在排查问题时能够精准定位，逐步提升自己的技术能力。

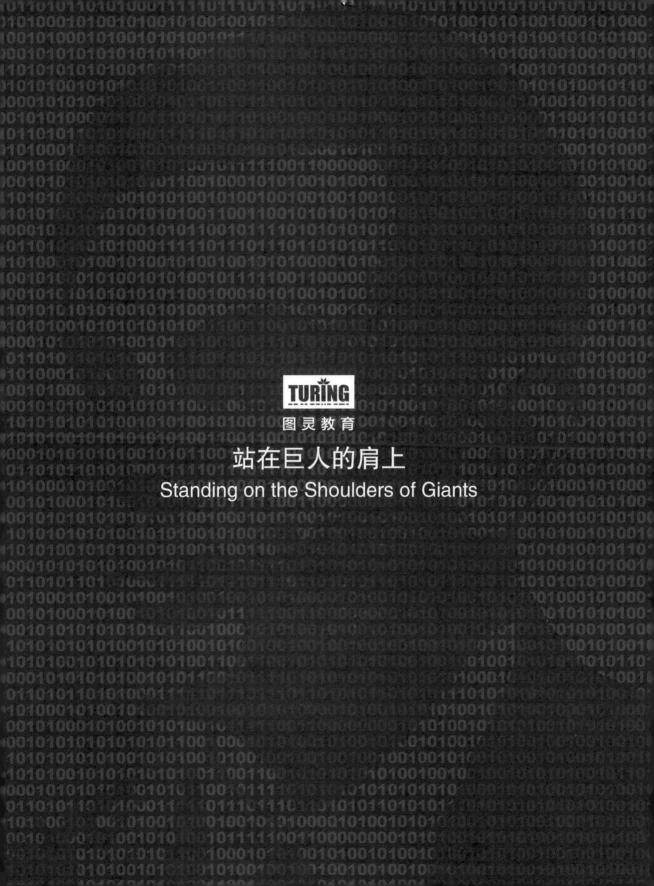

**TURING**

图灵教育

# 站在巨人的肩上
Standing on the Shoulders of Giants

TURING

图灵教育

站在巨人的肩上

Standing on the Shoulders of Giants